交互设计师成长手册

从零开始学交互

李悦 著

清華大学出版社
北京

内容简介

本书分为 4 章，内容包括初识交互设计、设计方法论、设计分析与洞察、设计执行与表现，全方位地展示了交互设计师的工作方式、工作技能和工作成果，帮助读者真正认识并理解交互设计，建立正确的交互设计思维，熟练使用交互设计工具、方法和流程，产出合理且优秀的交互设计方案，逐步成长为一名专业的交互设计师。

本书适合交互设计、体验设计、界面设计、产品设计等设计领域从业者阅读，也可供交互设计相关专业的学生、教师参考。

图书在版编目（CIP）数据

交互设计师成长手册：从零开始学交互 / 李悦著 . —北京：清华大学出版社，2023.9
ISBN 978-7-302-64499-6

Ⅰ . ①交⋯ Ⅱ . ①李⋯ Ⅲ . ①人 - 机系统－系统设计－手册 Ⅳ . ① TP11-62

中国国家版本馆 CIP 数据核字 (2023) 第 164915 号

责任编辑：杜　杨
封面设计：郭　鹏
版式设计：方加青
责任校对：徐俊伟
责任印制：杨　艳

出版发行：清华大学出版社
网　　址：https://www.tup.com.cn，https://www.wqxuetang.com
地　　址：北京清华大学学研大厦 A 座　　**邮　　编：**100084
社 总 机：010-83470000　　**邮　　购：**010-62786544
投稿与读者服务：010-62776969，c-service@tup.tsinghua.edu.cn
质 量 反 馈：010-62772015，zhiliang@tup.tsinghua.edu.cn
印 装 者：天津鑫丰华印务有限公司
经　　销：全国新华书店
开　　本：170mm×230mm　　**印　　张：**16.5　　**字　　数：**264 千字
版　　次：2023 年 11 月第 1 版　　**印　　次：**2023 年 11 月第 1 次印刷
定　　价：99.00 元

产品编号：100141-01

前　言

交互设计作为一门新兴学科，随着技术的发展，其内涵和外延一直在不断变化。我 2011 年毕业时，高校尚未开设这门课程，所有从事交互设计的同事都是从其他专业转行过来的，大家最初的启蒙教材多是《About Face：交互设计精髓》《简约至上》《点石成金》、*iOS Human Interface Guidelines*、*Material Design* 等，不算太多，但是比较硬核，认真研读，互相切磋，再在实践中不断尝试、突破，最终成就了一大批早期优秀的设计师。

十多年后的今天，国内有几十所大学开设了交互设计专业，大家可以选择的书籍和平台也丰富了。那么，为什么我还要写这样一本书呢？

原因有三：

第一，部分设计院校的同学，在学校学习了很多经典的设计方法论，但由于缺乏实践，对所学方法论的适用场景和内在关系的理解并不够透彻，所以经常会在作品集中堆砌类似于卡诺模型、用户画像、用户旅程图、信息架构图等方法和模型，看起来"专业"，但仔细一看就会发现，设计方案跟分析过程毫无关联，设计细节毫无依据，完全是自己"一厢情愿"或者从竞品中"东拼西凑"的作品，经不起推敲。

第二，部分职场人员习惯于每天浏览"人人都是产品经理""站酷"等专业网站及公众号上的推文，进行被动式碎片化学习，缺少深度思考及系统化的梳理，很多理论知识都眼熟，但在面试或者实际项目中根本就想不起来，也不知道该如何应用到自己的项目中。

第三，很多中小公司并没有交互设计岗位，交互设计工作是由产品经理或视觉设计师兼任，因为岗位职责和工作重心不同，他们所掌握的交互设计知识往往比较片面，对交互设计的目标、策略、模型、原则等知之甚少，设计的时候大多凭借感性经验以及竞品参考，理论和数据推导意识相对薄弱，导致最终方案缺乏合理性和说服力。

在人才济济的一线城市，招聘优秀的交互设计师相对容易。但当到二线城市以后，会发现要招聘到一名合格的交互设计师却非常难，经常筛选面试数十人都无果。翻阅《2021 中国用户体验行业发展报告》也发现，大中小型企业都对交互设计的招聘紧急度更高。

《2021 中国用户体验行业发展报告》紧急招聘的用户体验相关岗位

一边是交互从业者不知道如何入门与进阶，另一边是企业难以找到合适的交互设计人才，面对这样的情况，我根据自己十多年交互设计学习和实践经验，结合在 vivo 内带教设计大学生的经历，整理出了一系列交互设计基础课程发表在个人公众号“悦姐聊设计”上，收获了众多学员好评。现在应清华大学出版社邀请，重新整理撰写《交互设计师成长手册：从零开始学交互》一书，为大家全方位地展示交互设计师的工作方式、工作技能和工作成果，希望为所有想学习交互设计的同学提供一本入门指导手册，帮助大家真正地认识并理解交互设计，建立正确的交互设计思维，熟练使用交互设计的工具、方法和流程，产出合理且优秀的交互设计方案。

作　者

目　录

01

第1章

初识交互设计

什么是交互设计？它的本质是什么？它是由哪些要素构成的？作为交互设计师，我们的工作流程是怎么样的？需要具备什么样的设计观和设计能力？一份标准的交互稿是由哪些模块构成的？希望通过本章介绍，让你对交互设计行业及交互设计师的工作有初步的认识，帮助你判断是否要进入或深耕交互设计行业。

1.1 什么是交互设计

1.1.1 交互设计的起源

1982 年，IDEO 的创始人之一比尔·莫格里奇（Bill Moggridge）主导设计了世界上首款现代笔记本电脑 GRiD Compass，如下图所示。

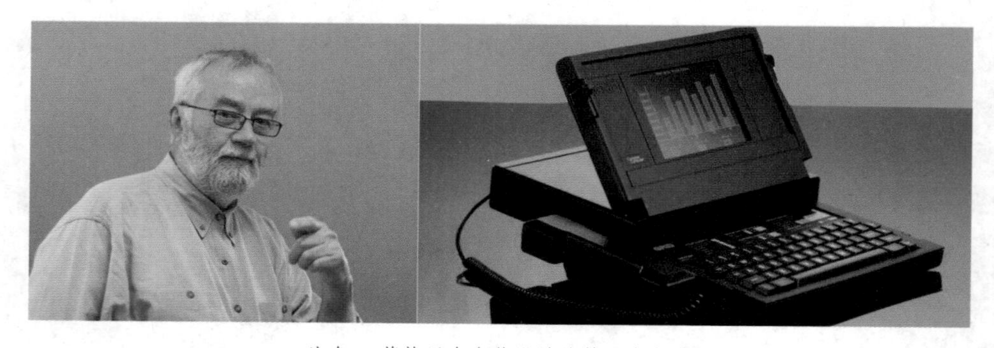

比尔·莫格里奇和他设计的笔记本电脑

在使用 GRiD Compass 第一台样机的时候，莫格里奇形容自己被“机器吸进去了”，因此他开始寻找人与设备之间的互动关系。在 1984 年的一次会议上，莫格里奇为自己的设计工作创造了“交互设计”（Iteraction Design，IxD 或 IaD）一词。这个看起来有点奇怪的缩写，是为了跟 ID（Industrial Design）区别开，用“x”表示 Interaction 的“action”音。但交互设计这个词真正开始流行是在 10 年后，伴随着《About Face：交互设计精髓》第 1 版的出版，交互设计荒漠开始涌现生机。

1.1.2　交互设计的定义

交互设计作为一门新兴学科，从人机交互 / 人机工程学脱离出来后，又融合了认知心理学、行为学、视觉设计、社会学等多门学科，成为设计学中的一个分支学科，如下图所示。

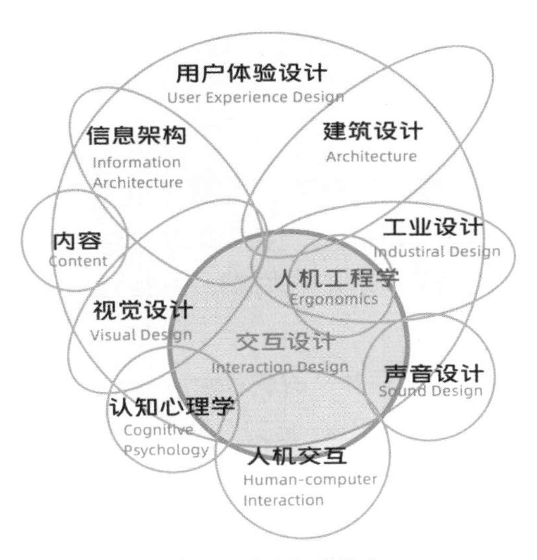

交互设计的相关学科

关于交互设计的定义，网上有很多种，这里收集了几种比较权威的，给大家参考。

2005 年 9 月成立的交互设计协会 IxDA，对交互设计的定义是：

Interaction Design (IxD) defines the structure and behavior of interactive systems. Interaction Designers strive to create meaningful relationships between people and the products and services that they use, from computers to mobile devices to appliances and beyond.

翻译一下：

交互设计，定义的是交互系统的结构和行为。

交互设计师致力于在人们及他们所使用的产品及服务之间建立有意义的联系（产品包括计算机、移动设备和电器等）。

2012 年李世国教授出版的《交互设计》一书中的定义与此类似。

交互设计是定义、设计人造系统的行为的设计领域。它定义了两个或多个互动的个体之间交流的内容和结构，使之互相配合，共同达成某种目的。交互设计师努力去创造和建立人与产品及服务之间有意义的关系。

在 *About Face* 4 中 Alan Cooper 也强调，交互设计的重点是行为设计。

辛向阳老师作为国内交互设计的带头人，他在《交互设计：从物理逻辑到行为逻辑》论文中也强调“交互设计是对行为的设计，直接把人类的行为作为设计对象”。

为什么要给大家引用这么多交互设计的定义呢？

一是因为交互设计作为新兴学科，一直处于发展变化之中，并没有统一的定义。

二是想通过不同的定义，让大家去感受和总结交互设计的本质：交互设计表面上是在设计产品的结构和内容，本质上是在设计用户的行为，最终是为了创建人与产品 / 服务之间有意义的联系。

为了方便大家理解和记忆，我总结交互设计的定义如下：

交互设计是一种设计方法，它通过对产品结构和内容的设计，使其能够顺应和引导用户行为，最终满足用户需求并达成业务目标。

1.1.3 交互设计的 5 要素

学习交互设计，我会推荐大家从辛向阳老师拆解的交互设计 5 要素着手，去了解每个要素对交互设计的影响，如下图所示。

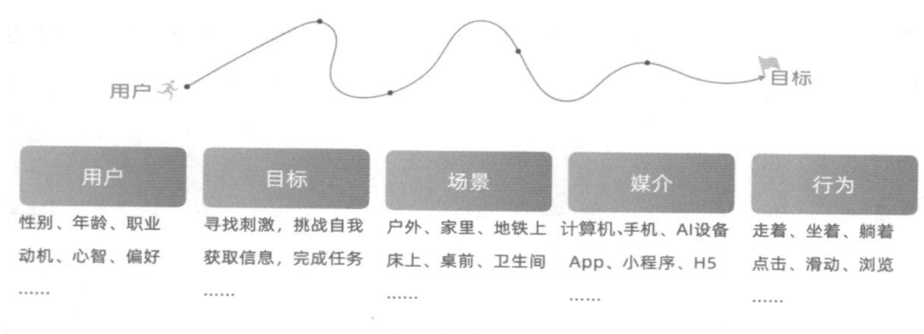

交互设计 5 要素

为了方便大家理解和记忆，我把辛向阳老师的交互5要素用一句话来表达：

“用户”在某个“场景”下，借助某些“媒介”，通过某些“行为”达成最终“目标”

并对交互设计5要素之间的关系进行整理，如下图所示。

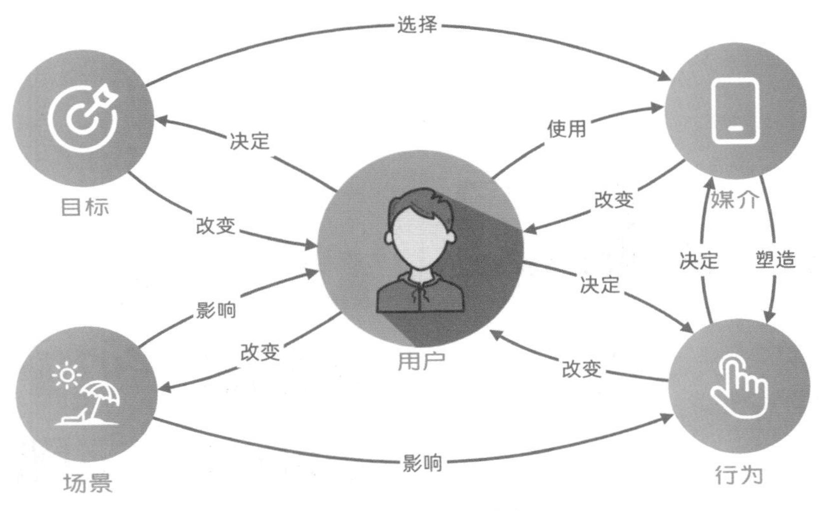

交互设计5要素的关系

不同用户有不同目标，不同目标反过来又会改变用户的态度和行为。

用户可以通过自身行为改变场景，场景改变后反过来也会影响用户的态度和行为。

不同用户有不同的行为模式，不同的行为反馈反过来也会改变用户的态度和行为。

不同媒介会塑造用户不同的行为，不同的行为施加在媒介上会产生不同的结果。

这些关系看起来有点绕，核心就一点：交互设计5要素是互相影响的，初学时可以拆开来理解，但在真正设计时需要全盘来考虑。下面我们通过具体案例来理解。

要素 1：用户

交互设计本质是对人行为的设计。不同类型（性别、年龄、职业、地域等）的用户，其需求和偏好可能是截然不同的。那么设计用户的行为前，我们首先要了解“用户是谁”，他们在态度和行为模式上有何差异，然后才可能针对不同类型的用户提供合适的设计。比如针对不同年龄的用户，我们会有经典（默认）模式、青少年模式、长辈关怀模式；针对不同性别的用户，我们有男生频道、女生频道，如下图所示。

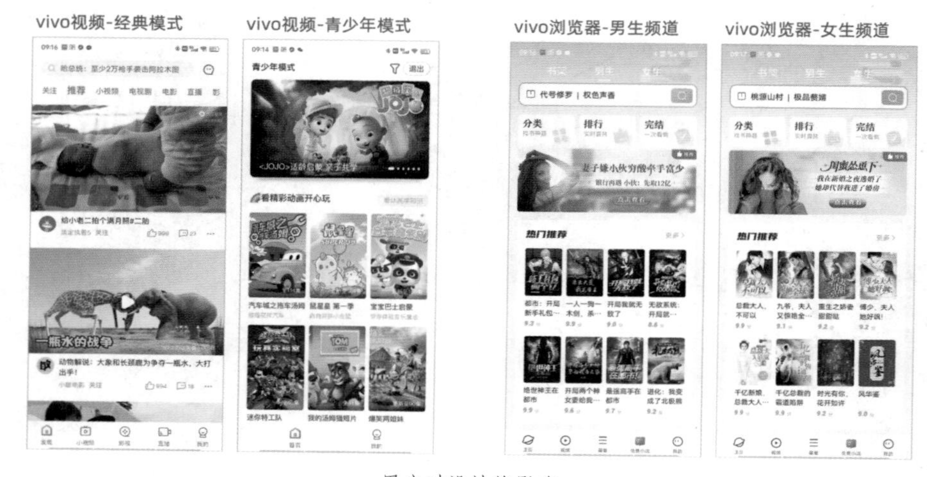

用户对设计的影响

针对不同岗位角色，我们会有员工模式、管理员模式。

针对不同经验，我们会有新手模式、专家模式。

针对不同目标用户群，我们会有经典模式、极简模式和自定义模式。

……

所以在进行交互设计之前，需要先了解目标用户是谁？他们有哪些典型特征？用户画像是怎样的？他们的目标是什么？只有了解了目标用户及其需求之后才能够展开交互设计。

要素 2：目标

交互设计是目标导向的设计，设计过程中要始终围绕用户目标和业务目标。牢记产品只是媒介，不是目标。明确用户使用我们产品的目标，才能有目标导向，设计出合理的信息架构和行为路径。

以 vivo 浏览器为例，有些用户使用浏览器只是为了搜索，新闻资讯对他们来说就是一种干扰。所以我们会在经典模式的基础上，设计极简模式，减少用户干扰。同时提供历史记录和搜索联想等，帮助用户更快捷地获取搜索结果，如下图所示。

目标对设计的影响

作为交互设计师，在设计前务必要先明确用户目标和业务目标，只有方向正确，交互路径和方式才有意义。

要素 3：场景

不同场景下，用户的需求是不同的。

洞察用户场景，提供场景化设计可以给用户带来便利甚至惊喜。

以 vivo 手机为例，当有可取快递时，锁屏状态就会出现提示，点击就可以扫码取件，非常的便捷，如下图所示。

场景对设计的影响

当复制了淘宝链接以后，打开淘宝会直接弹出淘宝链接，一键直达链接详情。

默认打开 vivo 浏览器会进入浏览器首页，但如果出现闪退再次打开浏览器，则会直接进入上次闪退的页面，避免用户重新查找该页面。

这都是根据用户场景提供的场景化设计，会让用户感觉非常的贴心便捷。

要素 4：媒介

媒介包含搭载产品的软硬件，如下图所示。

媒介对设计的影响

比如手机、计算机，以及手机中的 App 等。不同媒介平台规范不同，用户基于使用经验，会形成不同的认知和使用习惯。比如，计算机端会包含更全面复杂的功能，可以使用鼠标键盘辅助操作。移动端的操作和功能相对简便，可以使用手势语音辅助操作。

同是移动设备，iOS 和 Android 在系统级的规范和组件上也有差异，所以在设计之前，设计师需要先确认产品所在的硬件媒介及其软件系统规范，再根据硬件特点和软件规范去做设计。

要素 5：行为

表面上看，我们的设计决定了用户的行为，比如我们设计了一个按钮，用户就只能点击；我们设计了一个滑块，用户就只能滑动；我们设计了输入框，用户就只能输入。如果我们是垄断型产品，那用户只能逆来顺受。但在充分竞争的自由市场，用户的选择很多，如果对我们的产品用得不顺手，用户转身就可能投入到其他产品的怀抱。为了留住用户，我们在进行交互设计时，往往需要顺应和引导用户行为，而不是与用户固有的行为模式相冲突。

福格行为模型如下图所示。

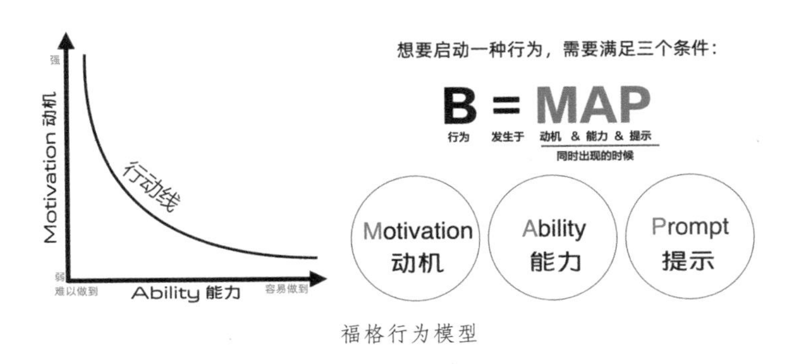

福格行为模型

想要用户发生一个行为，需要用户动机、用户能力和产品提示同时满足要求。因此交互设计时，需要充分考虑用户动机，提供合理的提示，降低用户交互成本，提升用户能力，以便让用户行为自然而然地发生。

对于用户熟悉的产品，我们要顺应用户操作习惯，对于新产品，我们则要更多考虑用户心智，如下图所示。

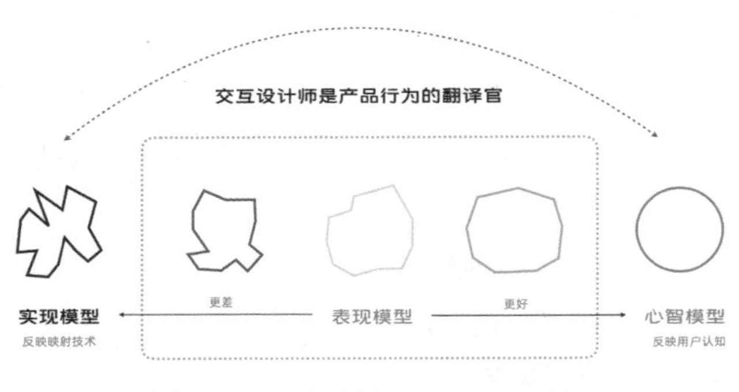

心智对设计的影响

了解用户对新产品的理解、期待、顾虑和担忧。尽可能地让产品接近用户的心智模型，打消用户顾虑，让用户可以按照自己的理解和习惯来操作产品，减少认知和操作成本。

通过顺应用户的心智模型和行为模式，可以增加用户对产品的熟悉感，最大程度地降低用户的行为门槛和成本，提升行为发生的概率。

1.2 交互设计师的工作流程

介绍交互设计师的工作流程，有两个目的：

（1）对于未入行的同学，可以根据流程中的岗位职责，辅助判断自己是否适合或者喜欢交互设计。

（2）对于致力于成为专业交互设计师的同学，可以根据流程中的岗位职责，积极主动地培养相关技能，提升专业性。

交互设计师的工作流程，包括项目流程和设计流程，下面我们将分开为大家介绍。

1.2.1 项目工作流程

互联网企业大多施行敏捷开发模式，以 vivo 互联网业务为例，项目工作流程如下图所示。

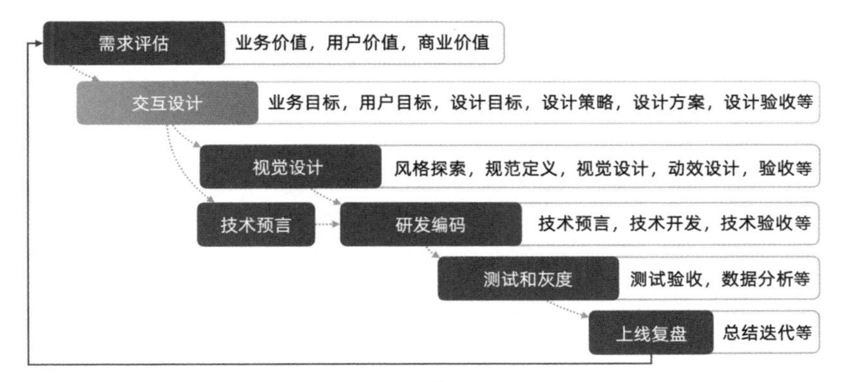

项目工作流程

我们会每两周迭代一个版本，所有的功能特性都单独评估、设计、开发、验收，能赶上哪个版本，就在哪个版本上线，以保持每个业务的迭代效率。这样互相独立的项目开发模式，既能保证项目开发的效率，又能让合作的同事密切配合。

敏捷开发流程相比瀑布式流程的典型特征是，下一个环节不会等上一个环节完全结束后才开始，而是彼此重叠，这样可以发挥多职能的智慧，共同打造高效率且高质量的产品。这也要求设计师不能只是一颗螺丝钉，而是要全流程参与，在专业性的基础上，兼具主动性和工作热情，多维度地发挥设计价值。

下图是在我们用户体验部门内，对交互设计师在全流程中的职责提炼，大家可以参考一下，如果想成为一名优秀的交互设计师，就需要肩负起这些职责。

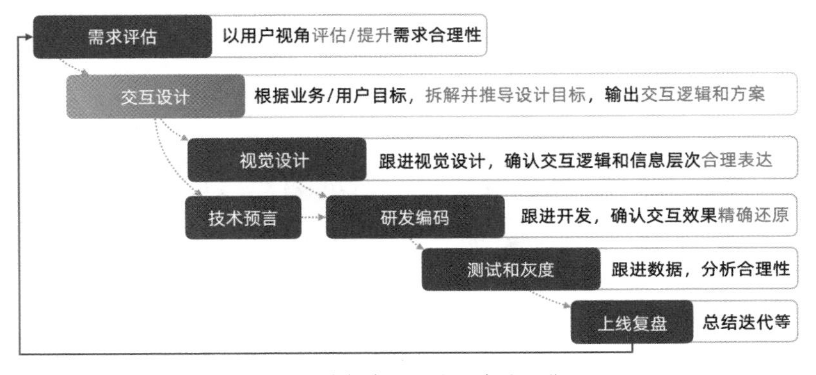

交互设计师在项目流程中的工作

在需求评估阶段，作为交互设计师，需要代入用户视角，以用户代言人的身份评估需求的合理性，并提出改进建议，以保障用户目标和产品使用体验。

在交互设计阶段，需要根据用户目标和业务目标拆解设计目标，并制定相应的设计策略，完善设计逻辑和方案，努力提升方案的合理性和创新性。

在视觉设计阶段，如果有对应的视觉组件，则由交互设计师直接输出视觉稿；如果视觉组件有缺失，则由视觉设计师补充相应的设计组件。交互设计师需跟进并解答视觉设计师的疑问，以保证交互逻辑和信息层次在视觉稿中得到合理的表达和强化。

在研发阶段，需要跟研发保持密切的沟通，保证交互逻辑、状态和动画效果被正确的理解。

在测试阶段，需要跟进验收研发效果，保证交互方案在各个专项及集成版本中都被精确的还原。

在灰度阶段，需要跟进灰度数据的结果，及时分析原因并定位设计相关的问题，敏捷地做出调整以便让数据效果达到预期。

在产品上线后，交互设计师还需要跟进线上数据效果和用户反馈，从中总结优秀的经验沉淀，或及时发现新问题并迭代。

1.2.2 交互设计流程

讲完项目工作流程，再给大家讲一下大公司的交互设计流程作为参考，如下图所示。

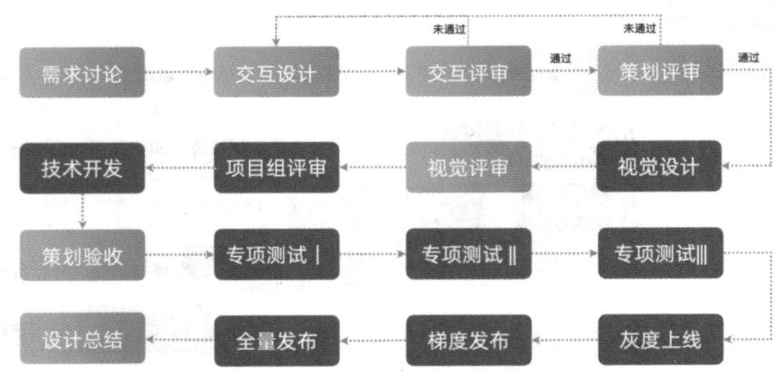

交互设计师的工作全流程

其中绿色部分是交互设计师重点参与环节，灰色部分是协同参与环节。

从上图可以看出，交互设计师的重点工作其实是在需求完善阶段，配合产品经理一起细化完善需求，确定具体产品逻辑和设计呈现。

交互方案输出后会经历设计组内评审，由组内的资深设计师或设计专家协助把控设计方向、框架、流程和细节，如果设计方案未达到设计标准，设计专家会给出方向和建议，让设计师重新设计方案并进行再次评审，直到方案达标为止。

设计组内方案达标之后还要经历策划评审，由项目成员来评估方案的可行性、合理性和完整性，一方面可以让产品方案更完善，另一方面也可以确保研发人员能够在排期时间内开发出预期的效果。

不管是项目流程，还是设计流程，都是为了创造有价值、用户体验良好、人们愿意使用的产品，如下图所示。

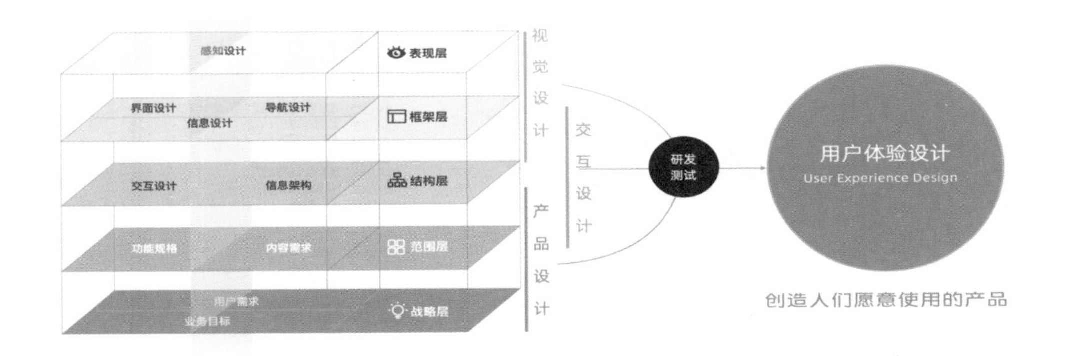

用户体验设计的目标

基于这个目标，企业细分了各个职能，进行专业分工，以实现效率和效果的最优化。但这样精细化的分工有利也有弊。因为用户体验是用户使用产品前中后的整体主观感受，如果大家都各扫门前雪的话，那整体体验还是会漏洞百出，所以要求设计师除了要做好本质工作之外，还必须兼具主动性和工作热情，把整体用户体验作为目标，积极协助上下游各职能角色把每一环节的体验都做到最好，才能给用户交付一个满意的产品。

1.3 交互设计师能力模型

建立一个正确的设计师能力模型，对于一个初入职场的设计师来讲特别重要。这就好比游戏中的上帝之眼一样，有了这个能力模型，设计师才能胸有蓝图，有针对性地进行闯关修炼。

1.3.1 模型基础

根据“麦克利兰的冰山模型”，人的能力可以分为 3 类，分别是专业能力、通用能力和核心能力，如下图所示。

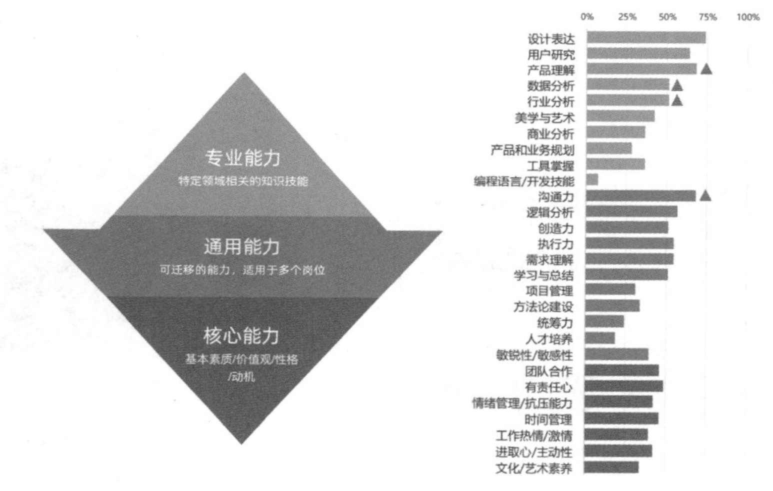

《中国用户体验发展报告》中的用户体验从业者能力模型

“冰山”之上的是专业能力，比较容易学习并测量，如果大家有这些能力短板，可以通过培训、学习来快速补足和提升。

“冰山”之下的是通用能力，与个人特质相关，相对内化，改变难度大，时间跨度长。但职场立足和跃迁都需要它们，要想成为一个优秀的职场人，这些技能需要持续修炼。

IXDC 发布的 2020 年和 2021 年《中国用户体验发展报告》中的交互设计师能力模型如下图所示。

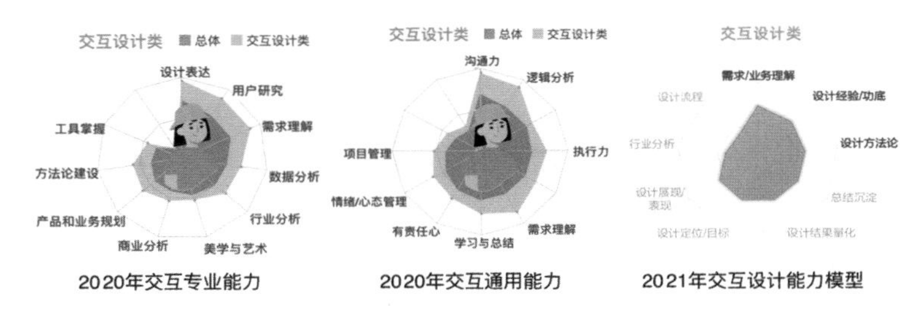

《中国用户体验发展报告》中的交互设计师能力模型

交互设计专业能力包括：设计表达、用户研究、需求理解、数据分析、行业分析、美学与艺术等。

通用能力包括：沟通力、逻辑分析、执行力、需求理解、学习与总结等。结合我个人成长以及在公司带教大学生的经历，总结了一个更为精简生动的设计师能力模型，如下图所示。

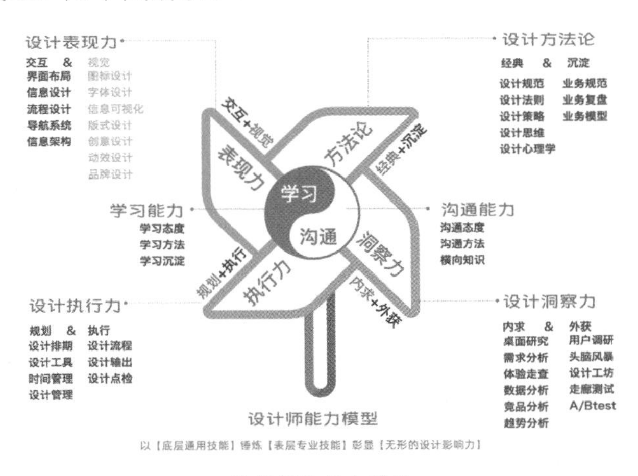

设计师的能力模型

之所以要精简模型有以下两个原因：

第一，人的工作记忆上限是 4±1，如果模型能力项超过这个上限，会导致很多设计师记不住，那就更难在日常工作中刻意练习了。

第二，很多技能在底层是相通的，一方面做得好，另一方面也会有所提升，比如学习能力和沟通能力，设计方法论和设计洞察力等。

所以我精练了一级能力模型的数量，并设计了风车形式帮助大家理解 6 项能力之间的关系，让大家对设计师能力模型过目难忘。

1.3.2 模型简介

在“设计师能力模型”中，我把设计师要掌握的技能分为两大类：通用技能和专业技能。作为设计师，大家很容易忽视通用技能的修炼，但这是不对的，特别是对于职场新人而言。通用技能决定他们未来的成长速度，专业技能只反映他们当下的设计水平，也就是说，专业能力代表现在，而通用技能决定未来。

作为一个职场人，学习能力和沟通能力最为重要，要想稳步提升，二者缺一不可。学习是我们成长的必要条件。向人学习是最有效的学习方式，良好的沟通能力，能帮助我们获取更优质的学习资源，取得“听君一席话胜读十年书”的收获，而优秀的学习能力，又能够让我们的沟通技能更上一层楼，比如学习了“乔哈里视窗”，就可以帮助我们在沟通中更多地聚焦在盲目区和隐秘区，以扩大开放区。

在学习和沟通两大内核技能的驱动下，设计师的专业能力是可以源源不断生长的。这也是为什么我们在招聘时，会非常看中新人的学习习惯和沟通技巧，因为这在很大程度上决定了他未来的潜力。

模型中的专业能力分别是：方法论、洞察力、执行力和表现力。这四大能力形成一个外循环：设计研究阶段，基础的设计方法论（认知）会影响一个设计师的洞察力（感知）；带着已有的洞察和目标进入设计方案阶段，高效的设计执行力（行动）让设计师可以在短时间内快速发散和收敛，不断地尝试组合形态、打磨细节，从而得到充满表现力的最终方案（结果）。

通过认知、感知、行动、结果、复盘，设计师从方法论出发，通过理论指导实践，再在实践中总结经验，沉淀方法论，经过一次次的方法论内化、实践、迭代，设计师的成长回路就建立起来了。

作为交互设计师，我非常强调设计方法论的重要性，要求每一个流程、每一个界面、每一个元素、每一个状态的设计都必须做到有理有据，理就是设计方法论，据就是数据。设计方法论是我们入门时的开山斧，修炼后的达摩剑。

经过日复一日的理论指导实践，实践迭代理论，设计师就在这样的成长回路中培养自己的思维，锻炼自己的技能，让自己的能力模型快速地旋转起来，最终通过有设计表现力的作品以及设计方法论的提炼，形成设计师个人的专业影响力。

1.4　交互设计文档的构成

交互设计模板

VMIC UED 团队正在使用的交互设计模板如右图所示，可扫码看大图。

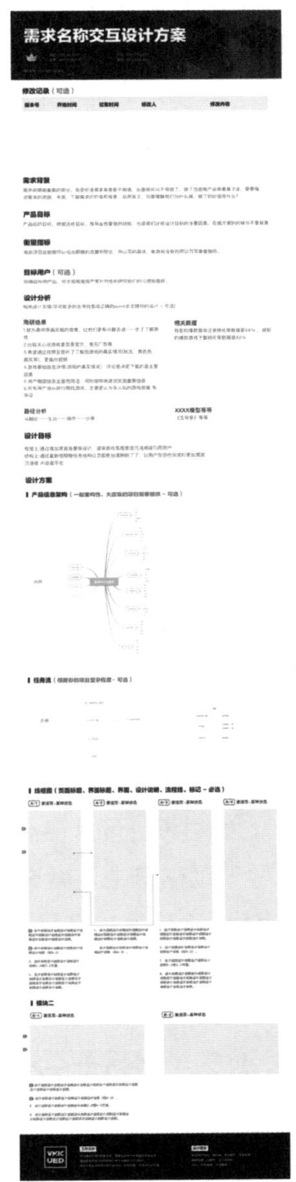

为了兼容 ABC 级需求，模板依次罗列了交互文档的所有模块内容，方便大家按需择用。我们可以将交互文档模板拆分为 3 类信息：项目信息、设计分析和设计方案。

1.4.1　项目信息

项目信息包含需求所涉及的成员、团队归属及业务目标等，是交互设计师首先要了解和确认的，其信息结构如下图所示。

交互文档的项目信息

1. 业务 logo 或名称（可选）

跨业务协作时，方便项目成员一目了然地确认文档业务归属。

2. 需求名称（必选）

在目标业务范围内，方便项目成员快速确认是否目标文档，并根据需求名称理解需求内容。

3. 设计相关方（必选）

方便项目成员有疑问时，直接找相关人员沟通。

4. 修订记录（可选）

复杂需求建议显示修订记录，方便项目成员及时跟进最新变更，简单需求可省略。

5. 需求背景（必选）

理解需求是设计师前期最重要的事，包括需求的来源、背景、业务价值、商业价值和用户价值等，只有这样才能保证设计师是在做正确的事情。

6. 产品目标（必选）

描述产品希望通过这个需求，达成什么目标，要求尽量清晰、具体、可衡量。衡量指标可以像模板一样单独列出，也可以包含在产品目标之中。

7. 目标用户（可选）

新功能或者重大功能改版时，需要根据目标用户的特征重新思考设计框架，所以需要目标用户的描述。日常功能迭代，目标用户无变化，则可以省略。

8. 版权信息（可选）

彰显设计团队品牌及理念，也时刻提醒设计师，坚守设计价值观。

8 项信息中，第 5 项需求背景和第 6 项产品目标最为重要，不能缺失，也不建议直接摘抄产品文档，而是要通过需求沟通和分析，完善产品需求，具体可以参见 3.7 节。

1.4.2 设计分析

设计分析对于交互设计来讲，非常重要。一方面可以帮助我们厘清设计思路，做出更合理的设计方案，另一方面也可以帮助提升设计文档的专业性和说服力。

设计分析一般包含 4 类信息：数据分析，用研支撑，竞品分析，设计目标、策略及衡量指标。

1. 数据分析（可选）

如果是对线上功能进行迭代优化，就必须要有线上数据分析。通过竞品对比 / 历史数据对比 / 分维数据对比、任务漏斗分析等方式，洞察并提炼设计机会点，具体分析方法可参见 3.3 节。

2. 用研支撑（可选）

体验设计是以用户需求为基础，通过用户研究可以洞察用户需求、产品体验痛点、用户使用行为和态度，并基于此进行产品功能设计和体验迭代，具体用研方法可参见 3.2 节。

3. 竞品分析（可选）

知己知彼百战不殆，竞品分析是设计师最常用的分析方法之一。设计师日常需要密切地跟踪竞品设计，如果发现竞品中有值得参考借鉴的设计点，就需要把竞品的设计和分析结论放到设计分析中，方便大家评估竞品设计的合理性，以及借鉴到本业务的可行性，具体可参见 3.4 节。

4. 设计目标、策略及衡量指标（必选）

数据分析、用户分析、竞品分析都要有结论，然后根据分析结论推导设计目标与策略，为接下来的方案设计指明方向，如下图所示。

目标	策略	衡量指标
提升浏览器的品牌感	通过重新定义色彩、形状、字体、排版，提升浏览器界面的视觉感受	用户调研新版喜爱度占比80%以上
提升浏览器的易用性	1. 简化界面元素（搜索、菜单栏等），让信息层次更清晰，视觉干扰更少，提升用户的选择和决策效率 2. 增加功能可见性（名站、菜单栏、资讯首页返回首页），让用户对隐藏内容有直观的了解，让用户的操作更有预期 3. 保持一致性，让首页资讯和新闻页资讯操作及形式保持一致，降低用户的学习成本	用户首选率提升3%

设计目标、策略及衡量指标

具体推导方式可参见 3.6 节。

1.4.3 设计方案

设计方案是内外部成员最为关注的核心产出，主要包含 3 类信息：产品信息架构、交互流程图、交互流程及细节描述。

1. 产品信息架构（可选）

从 0 到 1 做一个产品或复杂功能时，或者是对它们进行改版时，建议绘制产品的信息架构图，如下图所示。

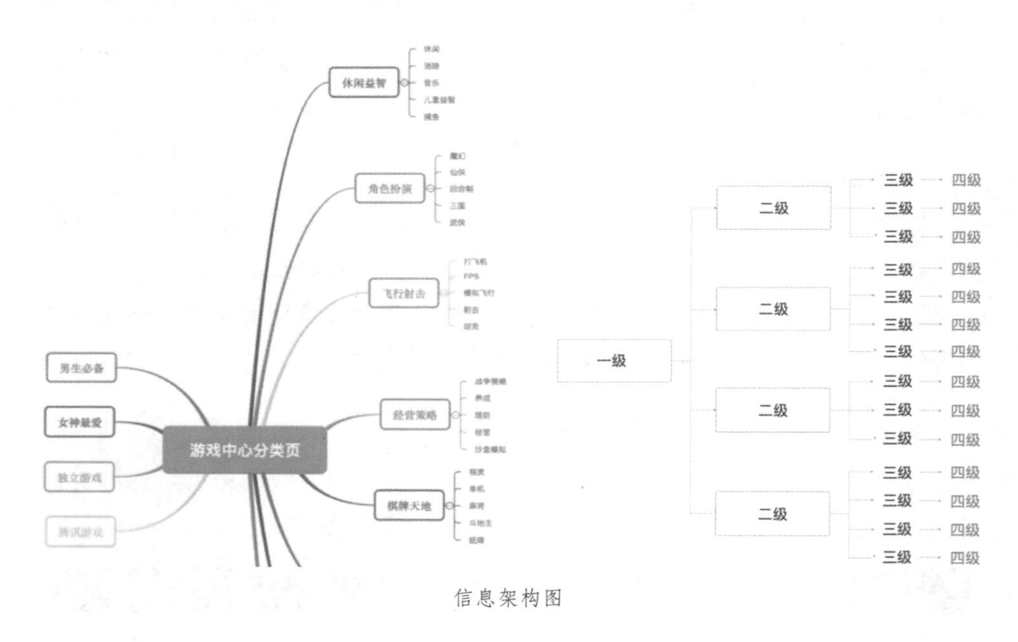

信息架构图

信息架构图方便自己和他人全览所有功能、内容，并理解它们之间的关系。信息架构图可以从脑图中导入，也可以在原型文件中绘制，具体设计方法可参见 4.1 节。

2. 交互流程图（可选）

当交互链路涉及 3 个及以上的分支链路时，建议绘制任务流程图，如下图所示。

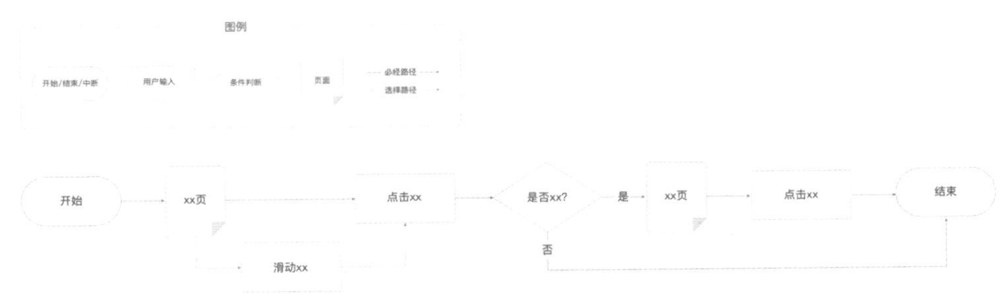

任务流程图

用户交互流程图梳理并呈现页面跳转逻辑及页面关系，可以帮助大家直观地理解任务复杂度，也帮助自己梳理场景逻辑，避免遗漏，具体设计方式可参见4.3节。

3. 交互流程及细节描述（必选）

交互流程及细节描述是交互文档的核心要素，我们可以按照先整体后局部的方式逐步呈现。

（1）如果涉及任务链路，先把主链路流程绘制出来，方便大家理解核心任务路径及页面跳转关系。如果分支链路只有1～2条，可以直接在主链路上延伸绘制，如下图所示。

页面交互流程

如果分支链路较多，则需要分链路单独绘制，避免任务链路纵横交错，影响可读性。

（2）如果涉及重要页面重构，需要把页面的信息框架思考清楚，确定用户浏览的信息优先级和视觉动线，方便大家理解整体页面的布局逻辑，如下图所示。

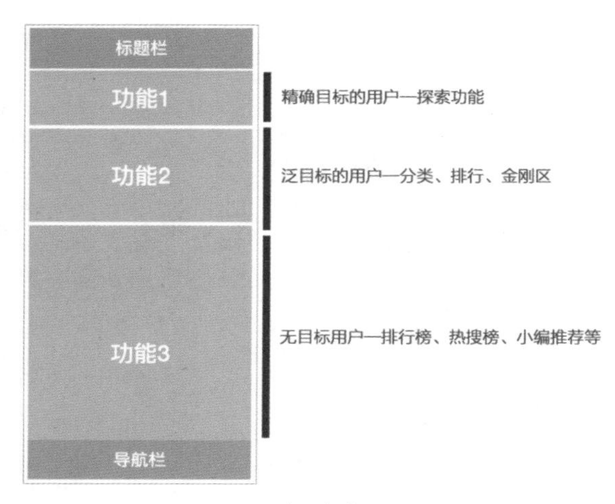

页面框架

（3）如果涉及一个页面多种状态，需要把多种状态全部罗列出来，如下图所示。

一个页面多种状态

同时需要说明每种状态出现的条件、必要性、交互和视觉差异。

（4）交互细节要求直接在交互对象的就近位置上呈现，以保证交互描述和交互对象之间的对应性和亲密性，如下图所示。

一个页面内的细节描述

交互框架及交互细节的设计可以参考 4.4 节和 4.5 节。

概括来讲，一份完整的交互文档，包含项目信息、设计分析和设计方案 3 部分。

项目信息主要是输入，需要设计师具备较强的沟通能力和意愿，不断挖掘需求背景和目标。

设计分析是“输入 + 输出”，通过对用研、竞品、数据的输入和分析，输出初步的设计目标和策略，需要设计师有较强的用研能力、数据分析能力、逻辑分析能力和设计理论基础。

最后是输出设计方案，需要设计师有较强的设计执行力和设计表现力，能够按时产出清晰的交互方案，并说服项目成员一起往下推进。

1.5　本章小结

（1）1984 年，比尔·莫格里奇为自己的设计工作创造了“交互设计”一词。

（2）交互设计，定义的是交互系统的结构和行为。作为交互设计师，表面上是在设计产品的结构和内容，本质上是在设计用户的行为。

（3）交互设计是一种设计方法，它通过对产品结构和内容的设计，使其能够顺应和引导用户行为，最终满足用户需求并达成业务目标。

（4）交互设计 5 要素：“用户”在某个“场景”下，借助某些“媒介”，通过某些“行为”达成最终“目标”。这 5 个要素互相影响，设计师需要综合考虑，才能做出合理进而让用户惊喜的产品体验。

（5）交互设计师的工作流程分为项目工作流程和设计工作流程，在企业中，交互设计师不是一颗螺丝钉，而是需要参与到项目流程的各个环节中去，主动性和设计热情是每个交互设计师的必备特质。

（6）一个好的交互设计师需要兼具通用能力和专业技能，通用能力包括良好的学习能力和沟通能力。专业能力包括设计方法论、设计洞察力、设计执行力和设计表现力。

（7）一份完整的交互文档，包括项目信息、设计分析和设计方案，文档的形式和内容共同反映一份交互方案的专业性。

02

第 2 章

设计方法论

交互设计作为一个专业岗位，要求从业者必须具备一定的专业知识和专业技能。专业知识就是设计方法论，专业技能就是从设计洞察、设计执行、设计呈现到设计落地复盘的一整套工作模式和对应的产出成果。

专业知识和专业技能之间互相促进，呈螺旋式增长。入门阶段，我们需要先掌握一些基础的设计方法论，比如交互设计法则、格式塔原理、福格行为模型等，然后运用到实践工作中，思考、实践、反思、总结、提炼每种理论的适用场景和优缺点，内化成自己的设计经验和设计方法，再与同业务、同行业的设计师进行交流、迭代、创新，推动行业设计的进步。

在本章交互设计方法论中，我会先给大家铺开一张 VMIC UED 常用的设计方法论体系图谱，然后再由浅入深地为大家介绍一些基础的交互设计方法，帮助大家打好交互设计基础。

2.1 设计方法论体系

在 vivo VMIC UED，设计师除了承接产品运营需求，做好设计支撑外，还要主动洞察产品体验问题，完成设计提案，并推动方案落地，以提升产品体验，助力业务指标达成。

两年前，我曾将团队设计师在设计支撑及设计提案中所运用的设计思维、设计模型和设计法则进行总结提炼，得到了如下图所示的设计方法论体系。

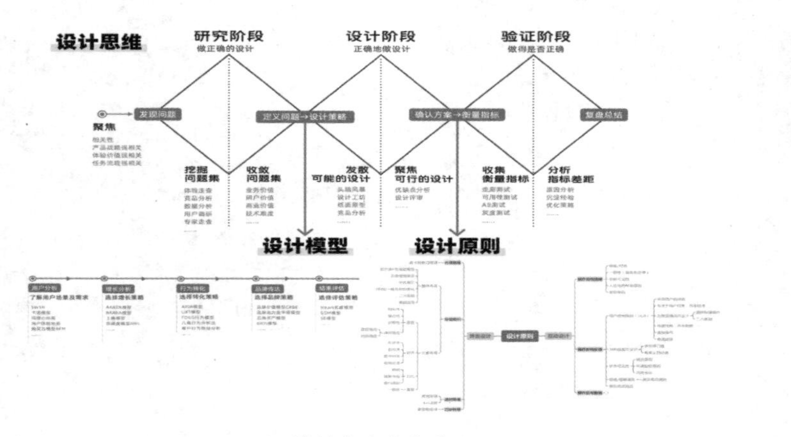

扫码看大图

设计方法论体系

顶层是设计思维，它是一套以人为本的、解决复杂问题的创新方法，它以目标为导向，现状为基础，通过团队合作来共创新方案，通常在寻求产品创新方向或创新方案时使用。

中层是设计模型，它是行业里解决特定问题的经典方法，当问题明确之后，建议优先采用行业经典方法尝试解决，不盲目摸索，以提高问题解决效率和质量。

底层是设计原则，它是具体界面及互动设计的通用准则，当进行产品体验设计时，需要遵守这些原则，以保证界面和交互设计符合用户认知、经验和使用习惯，降低用户使用成本，提高产品满意度。

2.1.1　设计思维

设计界经典的设计思维模型包括英国设计协会的双钻模型、斯坦福大学设计学院的设计思维、Google 的设计冲刺、IBM 的环形设计模型、情景化设计中的设计流程、尼尔森诺曼集团的设计流程、桥形设计模型和 LUMA 学院的设计流程等，如下图所示。

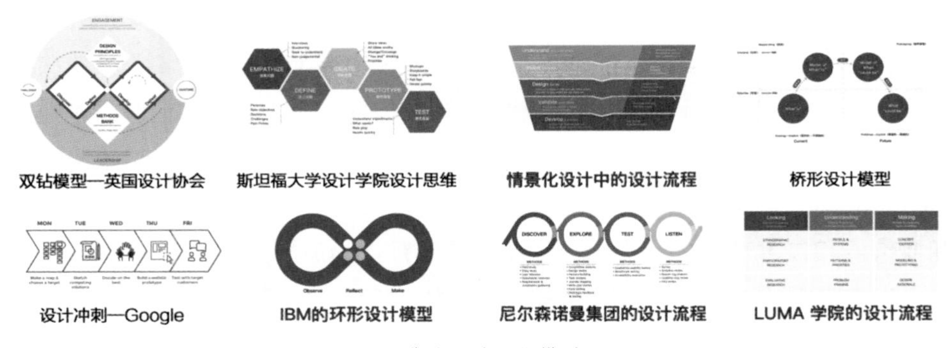

经典的设计思维模型

虽然模型数量较多，但逐一分析会发现：它们都有理解并定义问题和原型制作环节。此外，部分思维模型强调阶段性的发散与收敛，部分强调原型测试与验证，综合这些思维模型的共性，我们可以总结一个更为通用和完整的三钻思维模型，如下图所示。

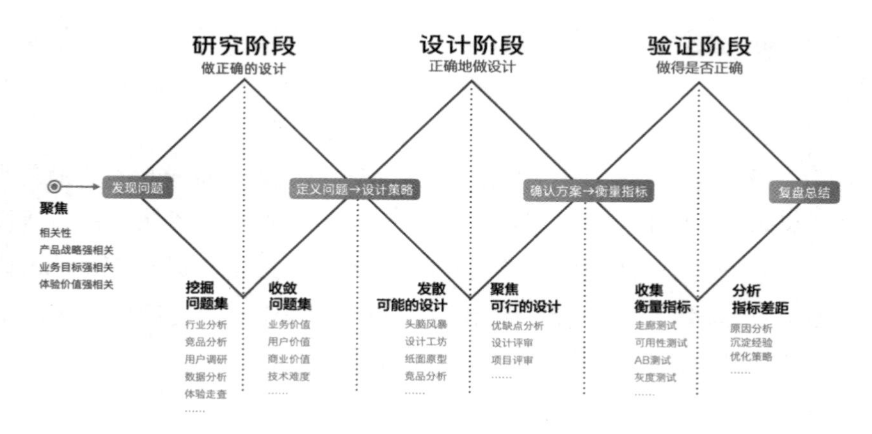

三钻思维模型

在三钻思维模型中，我们把设计的过程拆分为三个阶段：

研究阶段探究应该做什么，找到正确的方向；

设计阶段探究应该怎么做，尽量把事情做正确；

验证阶段则是校验做得怎样，确认方案的有效性，及后续的迭代思路。

三钻形成一个闭环循环，以确保产品的良性迭代。

在研究阶段，我们要围绕最终目标，先做桌面研究，通过行业分析、竞品分析、数据分析，结合用户调研，体验走查等多种方式去了解行业及竞品现况，对标用户人群及需求，去洞察产品设计与用户需求之间的错位或差距，并定义成具体问题。整个研究阶段先是发散，尽可能地去把这些错位或差距问题都找出来，然后再收敛，按照团队内的价值评估体系：业务价值、用户价值、商业价值和技术难度去筛选一个最重要的问题作为后续方案设计的起点。

在方案设计阶段，设计师要根据确定的问题和业务目标，推导设计目标，并寻找行业经典解决方案作为设计策略，构建设计方案，避免闭门造车。如果设计师缺乏解题思路，则可以通过头脑风暴、设计工坊等共创形式，让更多设计师及项目成员提供想法和建议，帮助其发散解决方案的维度和方向，然后再结合竞品分析、数据分析、用户分析的结论，收敛最终的设计解决方案。设计阶段不仅要动脑思考，也要动手呈现，将所有预想方案可视化，分析其优缺点，不断地对方案进行改造、融合，创造新方案，最终和团队成员一起筛选出 1 ～ 2 个最可行的设计方案，落地到项目组进行研发。

在验证阶段，需要提前定义好衡量指标，采用问卷调研、可用性测试、灰度数据、AB 测试等方式，获得相应的数据，以验证数据结果是否符合预期。符合预期则沉淀流程方法，并不断迭代深化方案，以取得更好的结果。不符合预期则分析原因，找到问题并调整变量再次试验，直到取得符合预期的结果，或确定方向不对及时放弃止损，并把这些过程和结果记录到复盘中，避免重蹈覆辙。

经历了研究、设计和验证三个阶段，一个完整的设计研究流程才算闭环。当设计师不满足于设计支撑和设计提案时，可以再前置一步，从定义问题和用户需求开始，发起完整的设计研究和解决方案，对于提升设计师的全局综合能力有比较大的帮助。

2.1.2　设计模型

设计模型是行业中对于特定问题沉淀下来的一套完整的设计解决方案。学习设计模型，可以帮助大家建构中观的设计思考框架，搭建任务链路，利用前人的智慧，相对系统地解决设计问题。

用户体验设计涉及五个层次，从战略层到表现层互相配合，共同打造良好的用户体验，如下图所示。

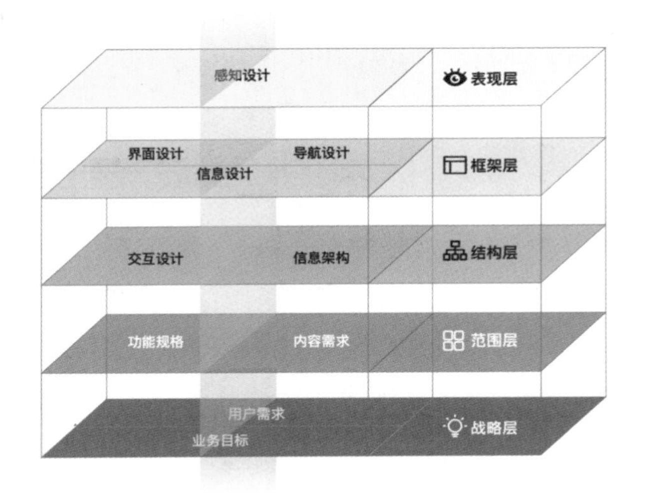

用户体验设计的五个层次

每个层次都有一些成熟的设计模型，可以帮助我们了解和分析问题，并提供具体的设计方向和策略，所以我们需要学习和了解这些模型，然后根据具体的业务目标和用户需求，选择合适的模型作为指导策略进行分析和设计，以产出相对科学和合理的设计方案。

结合我们团队的设计经验和网络资料，我整理了一份各个层次的设计模型一览表，如下图所示。

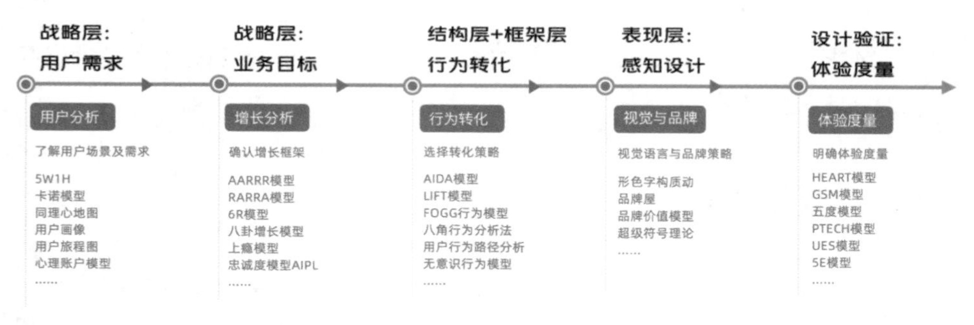

设计常用模型一览表

大家可以先简单浏览一下，检验一下自己的知识储备，查漏补缺。

1. 用户分析

战略层核心关注的是用户需求，对于设计师来讲，比较常用的用户需求分析工具和方法如下图所示。

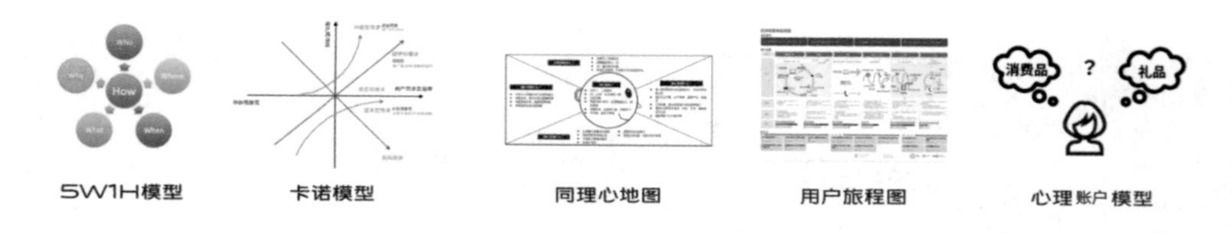

用户分析相关模型

5W1H 模型：帮助我们做用户场景分析，分别从用户类型、时间、地点、事件、原因、方法这 6 个维度去思考用户的场景，让思考维度更加全面深入。

卡诺模型：帮助我们从用户角度进行需求分类和优先级排序。

同理心地图：让我们从用户的感知认知——看听想说出发，理解用户想法，归纳用户痛点和产品机会点。

用户旅程图：帮助我们了解用户在核心产品旅程中的行为、感受、痛点和期待，进一步帮助我们去归纳产品机会点和设计策略。

心理账户模型：帮助我们理解用户对不同事物 / 信息的分类，顺应或改变产品的类别，以匹配用户的心理模型。

2. 增长分析

增长是产品在各个生命周期持续的追求。日活、留存、转化、复购……不同生命周期的产品，有不同的增长指标。作为设计师，我们有义务尽自己之所能，去辅助业务达成目标，完成产品的商业闭环。

在增长方面最为知名的是 AARRR 海盗模型（用户获取、激活、留存、收入、传播）。

在此基础上又衍生出了 RARRA 模型、6R 模型、八卦增长模型等，还有根据福格行为模型衍生出来的上瘾模型，这些模型可以帮助大家梳理新用户从拉新到留存的设计闭环，也可以刺激老用户提高活跃频次，从而提升整体活跃，模型如下图所示。

增长分析相关模型

大家可以根据产品的发展阶段和业务目标，选择合适的增长模型作为指导框架展开设计。

3. 行为转化

交互设计的本质是对人行为的设计，通过设计影响和改变用户行为，达成用户目标和业务目标。在产品体验设计中，提高用户行为转化率是交互设计师的核心职责，如下图所示是我们团队交互设计师用得最多的几个指导行为转化的设计模型。

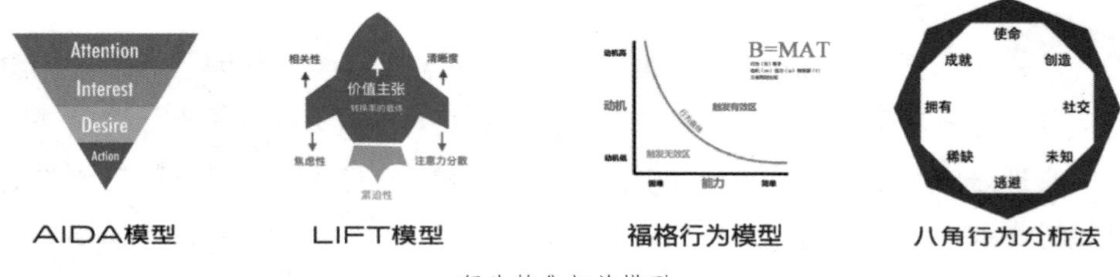

行为转化相关模型

AIDA 模型：最早来自营销领域，将消费者从接触外界营销信息到完成购买划分为注意、兴趣、欲望和行动四个阶段，是广告效果测量的一个重要模型。电商类产品、运营活动类产品的链路设计和页面框架设计时通常会参照这个模型。

LIFT 模型：以价值主张（用户购买的理由）为载体，通过提升相关性、清晰度和紧迫性，减少用户焦虑和注意力分散，这几个维度出发去促进用户行为的达成。在会员购买以及直播打赏类产品中可以使用这个模型。

福格行为模型：福格行为模型告诉我们，要想一个行为发生，动机、能力和提示 3 要素必不可少。我将其称为交互设计的底层模型，它道出了用户行为发生的本质，每个交互设计师都必须要掌握和熟练运用。

八角行为分析法：在偏游戏类、运营活动类的产品设计中用得比较多，大家在进行这类产品设计时可以参考。

4. 视觉与品牌

视觉与品牌相关的设计模型，我们团队用得比较多的有 4 种，如下图所示。

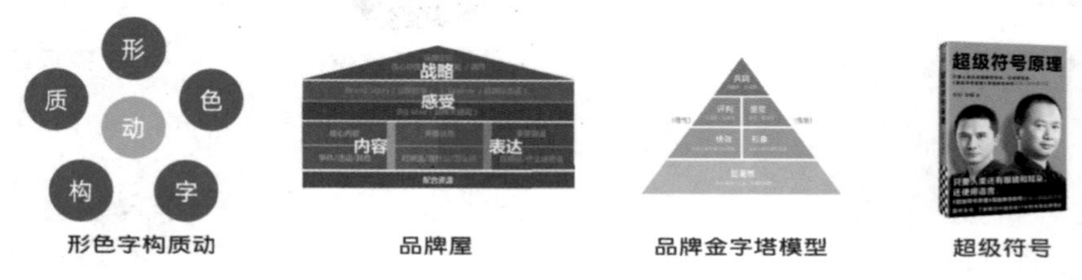

视觉与品牌相关模型

“形色字构质动”视觉语言体系、品牌屋、品牌金字塔模型、超级符号，这些更偏视觉和品牌，交互设计师可以略作了解，方便与视觉设计师沟通协作。

5. 体验度量

互联网常用的体验度量模型如下图所示。

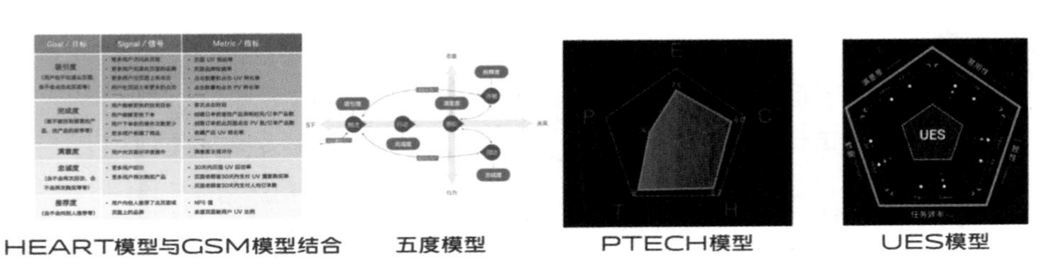

体验度量相关模型

包括 Google 的 HEART 模型，通常与 GSM 模型结合使用。阿里设计团队根据 HEART 模型发展而来的五度模型，国内设计师引用得也比较多，这两套模型比较偏 C 端，偏 B 端的包括 PTECH 模型和 UES 模型，网上有很多相关的文章介绍，大家可以搜索查看。

由于书籍篇幅有限，本章设计模型一览表主要是作为模型简介和索引，帮助大家建立认知，让大家知道哪些场景下有哪些可用的设计模型，当大家遇到具体问题时，可以按图索骥，在网络上找到对应的模型进行深度学习。

2.1.3 设计原则

下图是我结合个人经验筛选出来的比较知名且有用的设计原则一览表。

尼尔森10大可用性原则

N1：状态可见性
N2：环境贴切原则
N3：用户可控原则
N4：一致性和标准化原则
N5：防错原则
N6：识别而非记忆原则
N7：灵活高效原则
N8：优美且简约原则
N9：容错原则
N10：人性化帮助原则

约翰逊9大界面设计原则

J1：专注于用户及任务，而非技术
J2：先考虑功能，再考虑展示
J3：与用户看任务的角度一致
J4：为常见的情况而设计
J5：不要把用户的任务复杂化
J6：方便学习
J7：传递信息，而不是数据
J8：为响应度而设计
J9：让用户试用后再修改

斯奈德曼8大界面设计法则

S1：力争一致性
S2：为常用功能提供快捷操作
S3：提供信息充足的反馈
S4：设计任务流程以完成任务
S5：预防错误
S6：允许撤销
S7：让用户觉得他们在掌控
S8：尽可能减轻短期记忆的负担

交互设计7大定律

I1：费茨定律
I2：席克定律（选择成本）
I3：米勒定律（4±1）
I4：接近法则
I5：泰思勒定律（复杂性守恒）
I6：防错原则
I7：奥卡姆剃刀原理

Android 3大设计原则

Android1：材料是隐喻
Android2：鲜明形象有意义
Android3：动画表意

iOS 6大设计原则

iOS1：整体美学
iOS2：一致性
iOS3：直接操作
iOS4：反馈
iOS5：隐喻
iOS6：用户控制

格式塔原理

G1：简单原则
G2：接近原则
G3：相似原则
G4：连续原则
G5：闭合原则
G6：主体/背景
G7：共同命运

其他10大设计原则

O1：尼尔森F型视觉模型
O2：古腾堡图表法
O3：中区偏见
O4：帕累托原则（80/20法则）
O5：美即适用效应
O6：雅各布定律（一致性）
O7：雷斯托夫效应（隔离效应）
O8：序列效应
O9：多尔蒂门槛
10：蔡格尼克效应

设计原则一览表

包括“尼尔森 10 大可用性原则”“约翰逊 9 大界面设计原则”“斯奈德曼

8 大界面设计法则”“交互设计 7 大定律”“Android 3 大设计原则”“iOS 6 大设计原则”“格式塔原理”和我总结的其他 10 大设计原则。

大家可以简单浏览一下，检验一下自己的知识储备，查漏补缺。

1. 尼尔森 10 大可用性原则

雅各布・尼尔森是全球著名易用性专家，被誉为可用性测试的鼻祖。他是哥本哈根的丹麦技术大学的人机交互博士，拥有 79 项美国专利，大多是让互联网更容易使用的方法，被纽约时报称为“Web 可用性方面的世界顶尖专家”。

尼尔森通过总结分析 200 多个可用性问题，提炼出“尼尔森 10 大可用性原则”：

N1：状态可见性；

N2：环境贴切原则；

N3：用户可控原则；

N4：一致性和标准化原则；

N5：防错原则；

N6：识别而非记忆原则；

N7：灵活高效原则；

N8：优美且简约原则；

N9：容错原则；

N10：人性化帮助原则。

用来评价用户体验的好坏，这也是我们进行可用性测试和体验走查的通用原则，大家需要重点学习和理解。在方案设计阶段遵从它们，在设计评审阶段用它们检验，以保证设计细节的合理性。

2. 约翰逊 9 大界面设计原则

杰夫・约翰逊是易用性资讯公司 UI Wizards 的总裁，对界面设计有很深的研究和造诣，著有《Web 设计禁忌》《GUI 设计禁忌 2.0》《认知与设计：理解 UI 设计准则（第 2 版）》等多本著作，如下图所示。

杰夫 • 约翰逊的著作

“约翰逊 9 大界面设计原则”出自我最喜爱的一本设计书籍《认知与设计：理解 UI 设计准则（第 2 版）》：

J1：专注于用户及任务，而非技术；

J2：先考虑功能，再考虑展示；

J3：与用户看任务的角度一致；

J4：为常见的情况而设计；

J5：不要把用户的任务复杂化；

J6：方便学习；

J7：传递信息，而不是数据；

J8：为响应度而设计；

J9：让用户试用后再修改。

作为交互设计师，我非常喜欢他提出的以下 2 条：

（1）先考虑功能，再考虑展示：对应交互设计师需要代入用户视角，评估并提升需求的合理性，再展开设计。

（2）为响应度而设计：响应度是非常影响用户体验的一个指标，它不仅仅关乎研发性能，也与交互方式密切相关。交互设计师有责任和义务，与研发人员一起协作共创，缩减物理时间，加速心理时间，让用户感受到产品的快速响应。

在此，也给大家强烈推荐《认知与设计：理解 UI 设计准则（第 2 版）》这本书，它不仅讲解了设计的常用准则，而且还深入到脑科学、生物科学层面，讲解了这些原则和现象的成因，让我们能知其然，也知其所以然，让我们知晓哪些原则要坚守，哪些原则可变通。

3. 斯奈德曼 8 大界面设计法则

斯奈德曼是美国马里兰大学人机交互实验室的计算机科学家和教授。他在畅销书《设计用户界面：有效的人机交互策略》中介绍了界面设计的 8 个黄金法则：

S1：力争一致性；

S2：为常用功能提供快捷操作；

S3：提供信息充足的反馈；

S4：设计任务流程以完成任务；

S5：预防错误；

S6：允许撤销；

S7：让用户觉得他们在掌控；

S8：尽可能减轻短期记忆的负担。

作为交互设计师，我比较喜欢他提出的以下 2 条：

（1）设计任务流程以完成任务：要始终围绕用户目标来展开流程设计，用户习惯和设计模式固然重要，但更重要的是帮助用户快速完成任务，如果打破固有流程可以帮助用户更快地实现目标，那就可以重塑流程。

（2）让用户觉得他们在掌控：要尊重并顺应用户的感受、认知和行为习惯，让用户感觉自己能掌控产品，挫败感会让用户对产品敬而远之。

4. 交互设计 7 大定律

关于交互设计定律，网上比较经典的有 7 大定律：

I1：费茨定律；

I2：席克定律；

I3：米勒定律；

I4：接近法则；

I5：泰思勒定律；

I6：防错原则；

I7：奥卡姆剃刀原理。

但我个人不是特别理解和认可，后面我将结合个人的经验和理解，重点为大家介绍重新定义的交互设计 5 大定律，详见 2.2 节。

5.iOS 6 大设计原则

iOS 的 6 大设计原则包括：

iOS1：整体美学；

iOS2：一致性；

iOS3：直接操作；

iOS4：反馈；

iOS5：隐喻；

iOS6：用户控制。

在 2022 年 6 月官网 HIG 更新之前，这 6 大原则一直位于规范最前面的概览中，即使现在规范更新，它们也始终是苹果最核心的设计原则，大家可以在苹果的每一款产品设计中感受到它们的存在。

6.Android 3 大设计原则

Android 的 3 大设计原则分别是：

Android 1：材料是隐喻；

Android 2：鲜明形象有意义；

Android 3：动画表意。

这三大原则始终贯穿在 Android 的设计语言中，后面我们将详细介绍。

7. 格式塔原理

格式塔原理是所有设计师都必须要掌握的基础理论，它的核心原则包括：

G1：简单原则；

G2：接近原则；

G3：相似原则；

G4：连续原则；

G5：闭合原则；

G6：主体 / 背景；

G7：共同命运。

对于格式塔原理，多数设计师都知道，但设计表现力的差距却非常大。

因为不同场景下，不同法则的优先级和组合效果是不一样的，所以大家一定要多实践，尝试不同场景下设计法则的不同组合，体会蕴含在格式塔原理中的界面设计精髓。

8. 其他设计原则

其他设计原则是我结合个人经验整理的设计常用原则，包括：

01：尼尔森 F 型视觉模型；

02：古腾堡图表法；

03：中区偏见；

04：帕累托原则（80/20 法则）；

05：美即适用效应；

06：雅各布定律（一致性）；

07：雷斯托夫效应（隔离效应）；

08：序列效应；

09：多尔蒂门槛；

10：蔡格尼克效应。

前五条是关于整体布局的，后五条没有什么共因，但可以运用在很多产品设计中。因为有些原则是以人名命名的，很难顾名思义，所以我在其后用括号给出了简要的释义，方便大家理解。

这么多的设计法则，除了逐一学习外，有没有什么办法能够帮助大家更好的理解和记忆它们呢？

作为设计师，信息分类、组织是基本功，建议大家可以根据自己的理解，做一次设计法则的梳理，让所有的设计法则各归其位，井然有序。以下是我的组织方式，供大家参考。

首先，根据用户与产品互动的类型：浏览 + 操作，我将设计分为界面设计和互动设计两大类，如下图所示。

设计原则的二元分类

1. 界面设计

作为交互设计师，《简约至上：交互式设计四策略（第 2 版）》一书中介绍的交互式设计四策略，是大家必须要学习和掌握的，我将所有的界面设计原则也归纳到这四策略中，如下图所示。

界面设计四策略

1）合理删除

作为交互设计师，我们在着手设计之前，要先确认功能及元素的必要性，如无必要，勿增实体。除了功能、元素，还有分割线、图标、引导、提示等，任何多余的元素都要先做减法，避免给用户带来视觉负担。

2）分层组织

分层组织是界面设计的重点，建议从整体布局和元素布局上来融入常用设计原则。

在整体布局上，要注意匹配用户 3 种典型的视觉流模型，如下图所示。

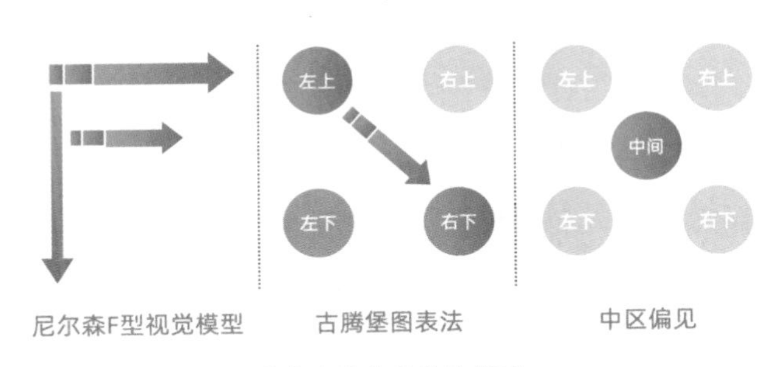

整体布局的视觉流模型

顺应用户的视觉流模型，可以让界面因熟悉而亲切，降低学习成本。

当我们设计内容型网站时，通常要遵循尼尔森 F 型视觉模型，将重要的信息、导航放置在页面的 F 型位置处。

当我们设计海报大图时，通常要考虑古腾堡图表法（也称对角线法则），将重要信息放置在左上和右下，以顺应用户的视觉动线。

当我们设计单一主体元素时，可以利用人的中区偏见，把主体信息放置在屏幕中间位置，以吸引用户的注意力。

除考虑视觉动线外，在进行页面整体布局时，还要运用二八法则，拉开信息层次，强化页面视觉焦点，让 20% 重要的信息得到 80% 的关注。同时相似功能、信息和元素要保持一致性和标准化，降低噪声。

最后再采用美即适用原则扫视一下整体页面，保证整体页面的视觉舒适度，让用户有进一步浏览和探索的欲望。

归纳一下，整体布局要考虑的全部设计原则如下图所示。

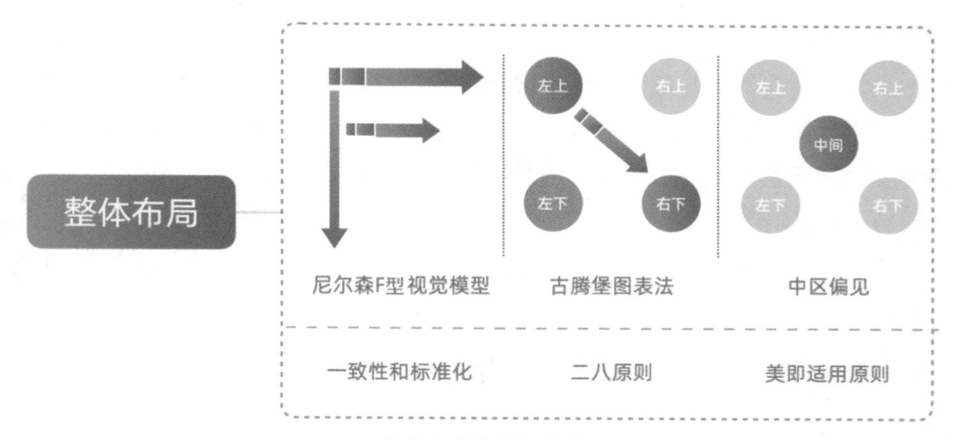

整体布局的设计原则

元素布局是设计师专业性的重要体现维度。在同一个界面上，每一个元素的设计都不是孤立的，而是和其他元素在大小、位置、色彩、形状等属性上互相呼应，彼此关联，共同构建有意义的界面秩序。

根据 Robbins William 提炼的四大基本布局原则：亲密、对齐、对比、重复，我把常用的设计原则归纳了一下，如下图所示。

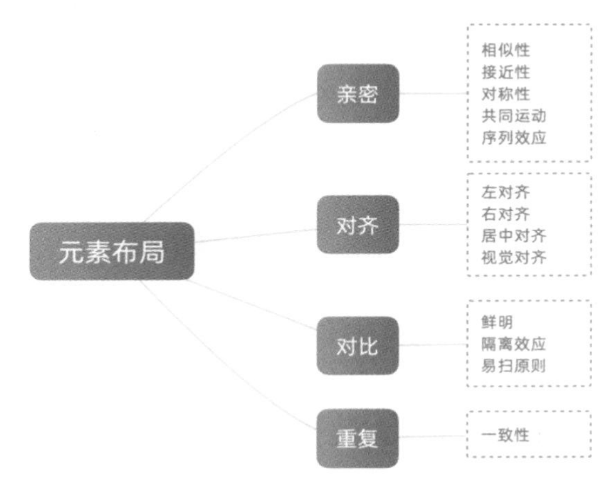

元素布局的设计法则

（1）亲密。

亲密性一般通过位置的接近性和形态的相似性来表达。交互设计师需要先梳理信息之间的亲疏关系，越是亲密的信息，位置可以越近，形态可以越相似，对称和共同运动也是相似性的一种体现维度。

多个亲密性功能、选项进行排序时，要考虑“序列效应”：排在最前面和最后面的元素，会比中间的元素更加容易被记住。所以除了按优先级依次排序外，还要考虑序列效应，将重要的功能在首尾适当分布，让信息传达更符合用户心智。

（2）对齐。

在界面中，每个元素都应当与界面中的另一个元素存在某种对齐规则。相互对齐的元素，更容易创建清晰的视觉秩序，让用户视动线更流畅，提高视觉舒适度和浏览效率。

在中文语境下，用户最习惯的对齐方式是左对齐，所以如果要采用居中或居右对齐，一定要考虑它的必要性及特殊意义，并且在整个产品中，贯穿这种对齐原则，让用户能够理解并适应这种对齐方式。

此外，还有一种容易被大家忽略的对齐方式是视觉对齐，当需要对齐的元素形状各异且不对称时，如图标设计，左右或居中对齐可能会导致视觉中心参差不齐。这种情况下，就有必要采用视觉区域对齐，即中轴线对齐，将所有元素顺着中轴线摆放，让中轴线两边的视觉重量或者面积相等，这样虽然边线没有对齐，但整体视觉感受却是对齐的。

（3）对比。

对比的基本思想是要避免页面上的元素太过相似。如果元素字体、颜色、大小、线宽、形状、空间等需要有所不同，那就拉开差距让它们截然不同，从而让对比更加鲜明。

（4）重复。

让某些视觉要素在整个产品中重复出现，比如符号、颜色、形状、材质、空间关系、线宽、字体、大小和图片等，可以增强产品的一致性和品牌认知，形成独特的产品心智。同时相似的设计，还可以降低用户学习成本，提升用户信息获取效率，提升用户体验。

3）适时隐藏

考虑到用户认知的局限性，及用户对简单的偏爱，渐进式设计越来越盛行。这其实就是“适时隐藏”原则的应用，把用户需要的信息和功能在用户需要的时候展示，不需要时隐藏，减少用户视觉及认知负荷。

适时隐藏的核心依据是米勒定律和席克定律，因为用户一次性能记住的事物上限是 4±1，所以我们要尽量精简隐藏，避免信息过载，阻碍信息传达。同时，随着选择增多，用户选择的时间成本会呈指数增加，可能导致更多用户放弃决策，得不偿失。

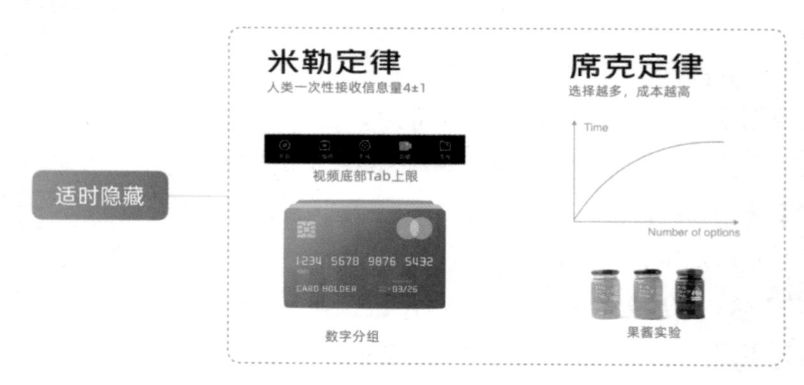

适时隐藏背后的设计法则

4）巧妙转移

巧妙转移，一般是指任务支持多平台协作时，将某些复杂的功能转移至手机或者计算机上进行处理，让各平台互相联动，协作共生。

巧妙转移背后的核心定律是泰思勒定律，根据泰思勒定律，每一个过程都有其固有的复杂性，存在一个临界点，超过这个点，过程就不能再简化了，只能把它从一个地方转移到另一个地方，如下图所示。

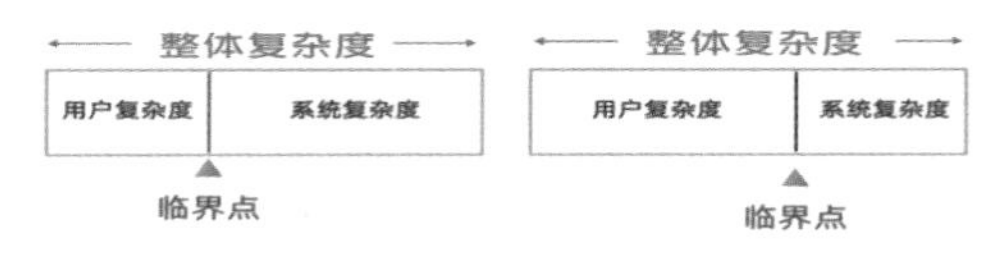

复杂度转移示意

比如，我们可以把复杂任务从手表转移至手机，从手机转移至计算机，或者从用户端转移至产品端，通过产品研发或后台系统来降低用户的使用成本。

不管采用何种设计法则，完成整体布局和细节设计之后，都建议用“美即适用”的原则来检验界面，确保界面整体观感的视觉舒适度。一个糟糕的第一印象会拒用户于千里之外，而一个好看的设计，可以提升 30% 的可用性，所以交互设计师必须要掌握基础的界面布局规律，并合理地运用它们设计出舒适的界面。

2. 互动设计

为了方便大家理解和记忆，我将所有的互动设计原则都归纳到互动旅程“操作前有预期，操作时有反馈和操作后可撤销”中。大家可以根据互动阶段选择对应的设计原则进行设计和检验。

1）操作前有预期

为了让用户在操作前有预期，我们可以采用“隐喻 / 拟物”“一致性”“功能可见性”“人性化帮助”“易取原则”等设计原则，如下图所示。

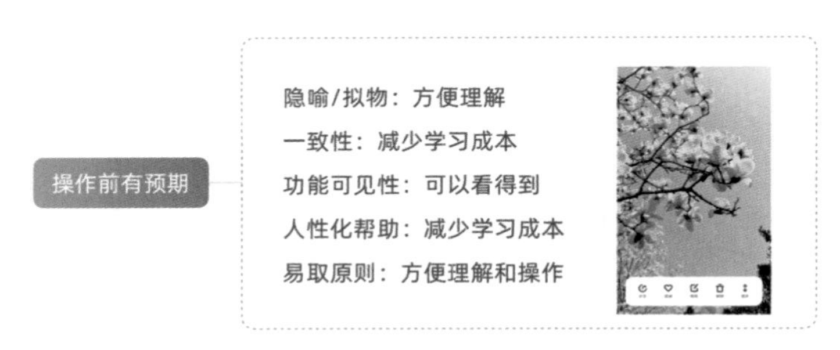

互动设计之操作前有预期

在设计一个新功能 / 概念时，我们可以先考虑“隐喻 / 拟物”的设计手法，借鉴现实生活中的一些元素及经验，来增加用户对新生事物的熟悉感和操作预期，这是一种非常有效的设计方式。各大平台、软件最初和现在都在积极地运用这种手法。比如 Windows 桌面图标设计、iOS 拟物化设计、Material Design 的材料隐喻、QQ 的漂流瓶、微信的摇一摇、网易的留声机播放等，都是经典的隐喻 / 拟物设计。

隐喻 / 拟物也是著名的 MAYA（Most Advanced Yet Acceptable）原则的应用，在设计中兼顾熟悉性和新奇性，把用户原本熟悉的事物在一个新的环境 / 平台中进行设计呈现，这样熟悉而又新鲜的组合——也就是我们常说的创意（旧元素的新组合），往往会带来意想不到的传播效果。

对于一个非新生事物或概念，我们在做设计之前，要先做行业 / 竞品分析，了解它在行业竞品中是如何被设计表达的。如果它的设计表达已经形成了设计模式，那我们在设计时，就应该遵守“一致性”原则，尽可能借鉴它的设计模式。

设计讲求创新，但并不需要所有细节都创新，更切记不要重复造“轮子”，对于用户已有的认知模型和习惯，我们最好的方式是顺应而非改变它。就像著名的交互设计大师诺曼所说，除非有更好的设计方式，否则就请准守标准。

要做到操作前有预期，一个很重要的起点就在于“功能可见性”，如果一个功能对于用户来说不可见，那么这个功能就等同于不存在。

要做到功能可见性有以下两种方法：

一是直接可见，即在用户需要用到此功能时，直观呈现该功能入口，而且还要遵守标准化和一致性原则，以用户熟悉的形式，显示在用户习惯的位置上，提升用户检索的效率和成功率。

如果一个功能不能做到在界面上直观可见，那么也需要考虑标准化和一致性原则，让用户可以根据以往的经验，沿着特定的路径找到它，这也是标准化和一致性设计的功劳，虽然不是眼见，但在用户的心理路径上是可见的。

面对新用户，提供“人性化帮助”，可以帮助他们更好地注意和理解功能。所有信息及反馈应尽量遵从“易取原则”，查找路径、操作路径都要尽可能得短，减少用户的认知成本和操作成本。

2）操作时有反馈

用户操作时的设计原则主要包括 5 条，如下图所示。

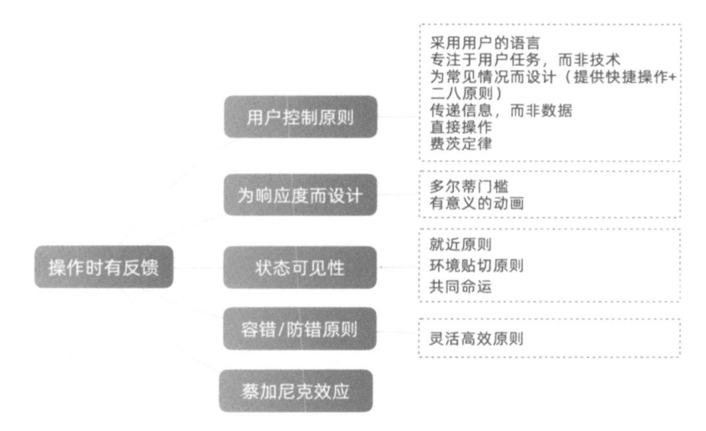

互动设计之操作时有反馈

最重要的是“用户控制原则”，为了达到这个目标，在设计过程中，设计师要时刻以用户为中心，并采用一系列的细分设计原则，让用户真正产生控制感：

- “采用用户的语言”，以用户可以理解的语言进行信息表达，让用户能够很容易地理解产品和信息。
- “专注于用户任务，而非技术”，并“为常见情况而设计”。需要根据用户目标和用户心智设计任务流程，尽可能简化高频操作任务流程，让用户能快速完成任务。
- 在信息设计中要注意“传递信息，而非数据”，把系统运行的内在数据和状态，转化成用户可以看懂的信息，涉及计算时，直接为用户呈现计算结果。涉及操作时，考虑“费茨定律”，减少用户操作成本，时刻以用户为中心，不要让用户思考，不要让用户动手，也不要让用户等待，省心省力省时，能省则省。

第二重要的是“为响应度而设计”，当用户与产品发生交互时，交互对象要实时响应，遵守多尔蒂门槛，并且辅助以有意义的动效，帮助用户理解响应页面或元素和交互对象之间的关系。

第三重要的是“状态可见性”，交互对象要实时响应，如果对象本身不宜变化，就需要其他元素来辅助反馈，其他元素反馈要遵从“就近原则”，尽可能在交互对象附近 1 ～ 2cm 范围内，以保证用户能够注意到它。同时，其他元素状态还要遵守“环境贴切原则”，和产品整体设计保持一致，以符合用户预期。当多个元素同时响应时，要遵守“共同命运”原则，以便让用户同时感知到它们。

第四重要的是“容错 / 防错原则”，用户在与产品交互的过程中，可能因为过往经验或者误操作产生错误的交互，设计上应该尽量包容这些错误，并提供正确的反馈或引导，帮助用户从错误中恢复。比如输入法能纠正常见的拼写错误。或者更进一步，通过改变设计模式，不给用户犯错的机会。比如，选择未来日期时，控件范围就从未来开始，避免用户选择过去的日期。容错 / 防错原则也体现了系统的灵活高效原则。

第五重要的是“蔡加尼克效应”，好的交互反馈不仅响应当前的行为，还指向最终的目标，让用户能一直聚焦在下一步的操作任务上，直到任务完成。

3）操作后可撤销

操作后可撤销即“撤销重做原则”，顾名思义，指的是：任何时候，我们都应该给用户提供反悔的机会，让用户可以取消刚才的一个甚至一系列的操作行为，如下图所示。

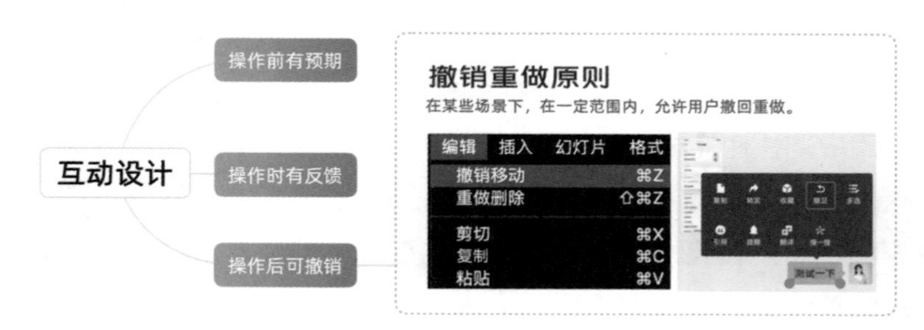

互动设计之操作后可撤销

通过提供撤销操作，可以让用户更有安全感，放心探索整个产品而没有后顾之忧。这种安全感可以增强用户探索的广度和深度，并提升产品满意度。

经过对所有常见设计法则进行分类整理，我们最终得到了如下页图所示的设计法则归类表。

相比起最初的 8 组设计法则，是不是更方便理解和记忆呢？当然这只是我的归类方式，强烈建议你按照自己的理解进行一次分类组织，绝对可以帮助你增强对所有设计法则的理解和认识。

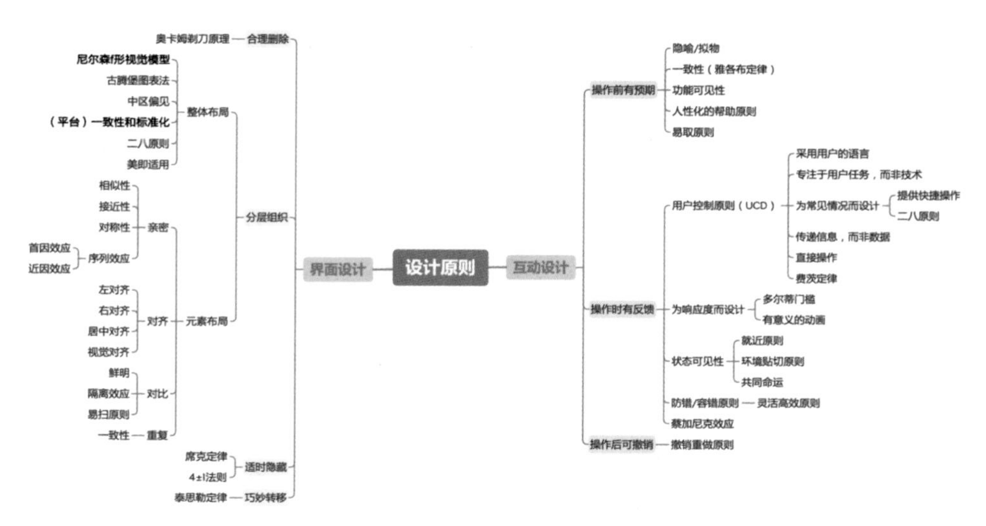

设计法则归类表

2.2　交互设计定律

前面我讲过，关于交互设计，网络中有经典的交互设计 7 大定律，它们分别是：

（1）费茨定律：使用指定设备到达一个目标的时间同以下两个因素有关。

① 设备当前位置和目标位置的距离。距离越短，所用时间越短；

② 目标的大小。目标越大，所用时间越短。

（2）希克定律：选择反应时间随着刺激—反应选择的数量增加而呈指数增加的规律。

（3）米勒定律：普通人只能在工作记忆中保持 4±1 项的信息。（注意：网上有旧资料阐述米勒定律的数字是 7±2，但最新实验数据证实是 4±1）

（4）接近法则：在空间或时间上比较接近的元素容易被知觉为一个整体。

（5）泰思勒定律：又称复杂守恒定律，意思是每一个过程都有其固有的复杂性，存在一个临界点，超过这个点后就不能再简化了，只能将固有的复杂性从一个地方转移至另一个地方。

（6）防错原则：大部分的意外都是由于设计的疏忽，而不是人为操作导致的，通过改变设计可以把过失降到最低。

（7）奥卡姆剃刀原理：如无必要，勿增实体。

不知道你看完以上 7 大定律有什么感受？我的感受是，它们彼此之间有些重合，比如奥卡姆剃刀原理、希克定律、米勒定律都在传达信息要精简，但组合起来概括交互设计，又觉得不够完整。带着这份质疑，我尝试从交互设计的底层设计目标出发，去寻找更本质的交互设计定律。

交互设计的目标是影响和改变用户行为，同时满足用户需求和业务目标。因为业务目标通常可以用多快好省来概括，所以我结合业务目标和用户需求，将设计目标概括为四字箴言：少快好省，如下图所示。

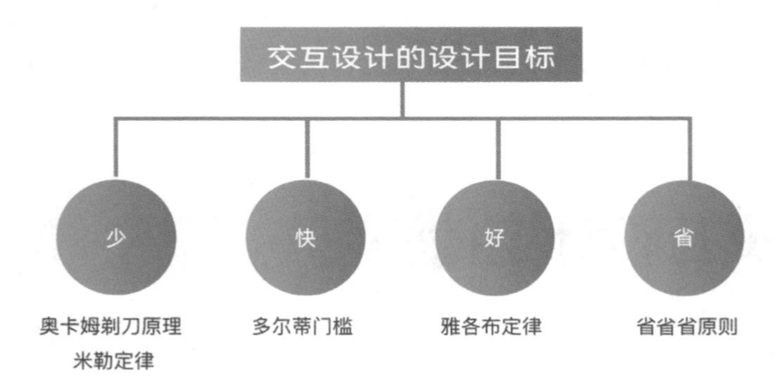

四大设计目标和 5 大设计定律

怎么理解少快好省呢？

所谓少，就是信息功能要精练，要一目了然，要尽可能减少功能、信息的复杂度。

所谓快，既是性能也是效率，指的是要尽可能快地响应用户的操作，缩短任务链路，帮助用户达成目标。

所谓好，就是产品设计必须达成行业一流的设计标准，符合用户认知、习惯，让用户愿意用、喜欢用。

所谓省，就是省心省力省时，能够帮助用户节约时间，降低操作负荷和认知负荷。

基于这样的设计目标，我挑选了对应的 5 条设计定律作为实现策略，也就是我所总结的交互设计 5 大定律。

2.2.1　奥卡姆剃刀原理

奥卡姆剃刀原理告诉我们：如无必要，勿增实体，即“简单有效原理”，对于工业产品和软件产品都适用。因为任何非必要的信息和功能，不仅会带来生产/维护成本，也会带来用户认知/操作成本。简约的产品更利于人们的理解和操作。以遥控器为例，小米的电视遥控器和传统遥控器相比，精简了特别多的功能，相信大家都可以感受到精简后的视觉/操作/认知负荷的降低，如下图所示。

三星遥控器与小米遥控器对比

我们再来看一个互联网产品设计案例：2019 年年底我们做了一款“锦鲤大作战”的小活动，画面精致，奖励也比较诱人，如下图所示。

“锦鲤大作战”活动的蒙层引导

但活动上线后转化率却不及预期，我们猜测蒙层引导阻碍了用户行为转化，通过去掉蒙层引导，按钮从“投注”变为“抛竿”，更符合钓锦鲤的活动场景，再辅助以按钮缩放动效，转化效果立刻得到了提升。去掉不必要的功能、引导和信息，让界面自己会说话，这也是奥卡姆剃刀原理的一个体现。

2.2.2 米勒定律

米勒定律告诉我们：人们工作记忆平均能记住的信息数量仅为 4±1。所以我们在设计时，首先要运用奥卡姆剃刀原理做减法，将数量控制在 4±1 的范围内。如果选项较多，且减无可减时，就需要对信息、选项进行分类，保证类别的数量在 4±1 的范围内。

我们以数字显示为例，如下图所示。

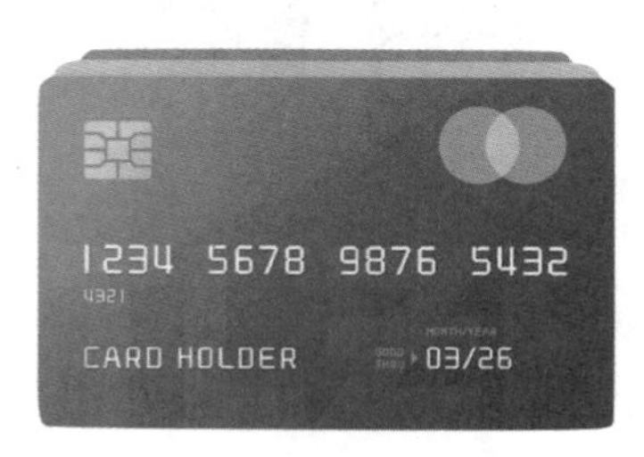

数字分组的案例

对于手机号、银行卡号、身份证号这类信息，因为其固有长度无法精简，所以建议采取分组形式呈现，帮助用户降低认知和记忆成本。

再举一个互联网产品案例，如下图所示。

外销浏览器功能分组的案例

左图是改版前的页面，功能有 12 项之多且无法删减。设计师通过对功能使用频度及优先级分析后，将功能划分为了三大类：重要功能、常用功能、必备功能。然后通过强化、保持和收纳的方式将其进行右图所示的呈现，功能清晰度显著提升。

2.2.3　多尔蒂门槛

多尔蒂门槛告诉我们：系统需要在 0.4s 内对使用者的操作做出响应，这样才能够让使用者保持专注，并提高生产效率。其实这个结论是多尔蒂在 20 世纪提出来的，后续实验给出了更精确的响应标准，比如：

元素的点击反馈应控制在 0.1s 左右，尽量不要超过 0.14s，因为 0.14s 是用户感知到因果关联的上限，超过这个时间，用户就会感觉卡顿，不流畅。

单个元素入场时间应控制在 0.25s 左右，退场控制在 0.2s 左右。入场稍慢是为了让用户更容易注意到入场元素，退场更快是为了让用户注意力更快切换到下一个元素上。

页面转场时间根据页面大小和转场动效的复杂度尽量控制在 0.3 ～ 0.4s。

只有响应时间符合上述标准，才会让用户感觉流畅，不卡顿。

虽然多尔蒂门槛的响应时间有些过时，但它率先提出对响应时间的要求，引起了业界对响应时间的重视也是功不可没。

2.2.4　雅各布定律

用户将大部分时间花在别人家的网站（产品）上，而不是你的。这意味着他们希望你的网站（产品）跟别人的有相同的操作模式。雅各布定律告诉我们：作为设计师，我们必须要学习常见的设计模式，并且多把玩各种 App，尤其是国民级的产品、头部竞品和新兴产品，这样我们才能够对当下产品的设计趋势有更直观的感受。

对于新入行的设计师，我会建议大家根据自己的业务类型，查看一下对应平台的设计规范，如下图所示。

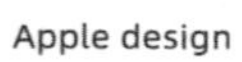

国内最常参考的平台设计规范

初期可以严格按照规范，使用标准控件来设计方案，最快最稳妥。

此外，在做某类型的产品设计时，也非常有必要做行业及竞品分析，这样才能确保我们所设计的产品，能够延续用户的视觉及行为习惯，减少用户的理解及使用成本。

以视频 App 为例，行业内的头部产品在产品框架及元素布局上都具有高度的一致性，如下图所示。

同行业竞品的一致性设计

页面的框架结构和布局形式基本保持一致，这也是雅各布定律的一个体现。

2.2.5 省省省原则

省省省原则包括：省心，省力，省时，能省则省。尽可能不让用户思考、行动和等待。

所谓省心，就是要符合用户的心智模型、感知规律以及使用经验，让用户一看就懂，能够按照自己的固有认知进行理解和类比，不需要用户思考。

所谓省力，就是操作成本要足够低，尽可能不让用户操作、运动，包括动眼和动手。在动眼方面，尽可能的主次分明，方便扫描，同时同类聚合、就近显示，减少用户寻找成本。在动手方面要遵循费茨定律，尽可能地减少移动距离和操作精准度方面的要求。

所谓省时，要求精简流程步骤，并缩减每一步的操作响应时间，减少任务物理耗时。同时通过合理的动效、适当的内容填充，让用户忙碌起来，转移注意力，进而减少用户心理耗时。

2.3 格式塔法则

格式塔是德文 Gestalt 的音译，意思为“形式”“形状”。格式塔心理学派是由三位德国心理学家考夫卡、韦特海默和柯勒创立的，如下图所示。

库尔特·考夫卡
Kurt Koffka
1886—1941

马克斯·韦特海默
Max Wertheimer
1880—1943

沃尔夫冈·柯勒
WolfgangKöhler
1887—1967

创立格式塔的三位心理学家

他们指出，人类的眼睛和大脑在观察事物及接收影像刺激时，会有一些特别的倾向，以帮助我们快速辨别事物，他们将这些特别的倾向，归纳为格式塔法则。格式塔法则是界面设计的基石，我们需要理解并运用它们才能做好界面设计。

2.3.1　简单原则

大脑会倾向于把一个复杂的物体解析成较为简单的物象来理解，以降低大脑的认知负荷，这就是简单原则，它是所有格式塔法则的基石。当我们看到多个元素时，大脑会自动对元素进行组合，甚至脑补，以便让它们呈现为一个相对完整且简单的整体，如下图所示。

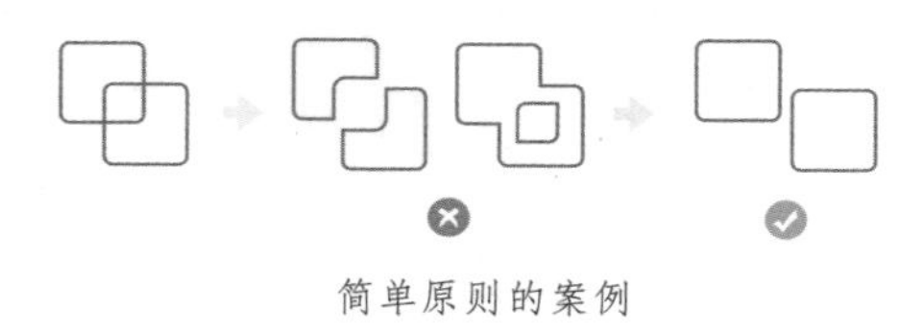

简单原则的案例

对于上图左一的图形，解构的方式有多种，但多数正常的大脑都会将其理解为最右边的图形，而不是中间的种种，这便是简单原则的一个体现。

这些年图标设计的演变，也很好地顺应了简单法则，如下图所示。

苹果和星巴克 logo 的演变

苹果的 logo 经历了早期的复杂到最近的极简，去掉了颜色、质感，只保留了最经典的形状轮廓。星巴克的 logo 也删繁就简去掉了许多元素和颜色，只保留了最经典的美人鱼形象。

如果大家去研究大品牌的 logo，会发现这种现象非常普遍。因为人类对简单符号的理解、认知和记忆效果都更好，任何一个品牌，想要被用户识别和记忆，都必须顺应人在生理上的简单偏好。

2.3.2　接近法则

接近法则，指的是我们的大脑会倾向于将彼此靠近的元素视为一个整体，如下图所示。

不同距离形成的不同分组

左图：每个圆间距完全相同，视觉均衡，大脑会认为有 16 个独立圆。

中图：每行增加一个圆，横向间距变小，大脑会倾向于将其视为 4 行圆。

右图：每列增加一个圆，纵向间距变小，大脑会倾向于将其视为 4 列圆。

这就是接近性法则最直观的体现。

来看一个互联网产品案例，如下图所示。

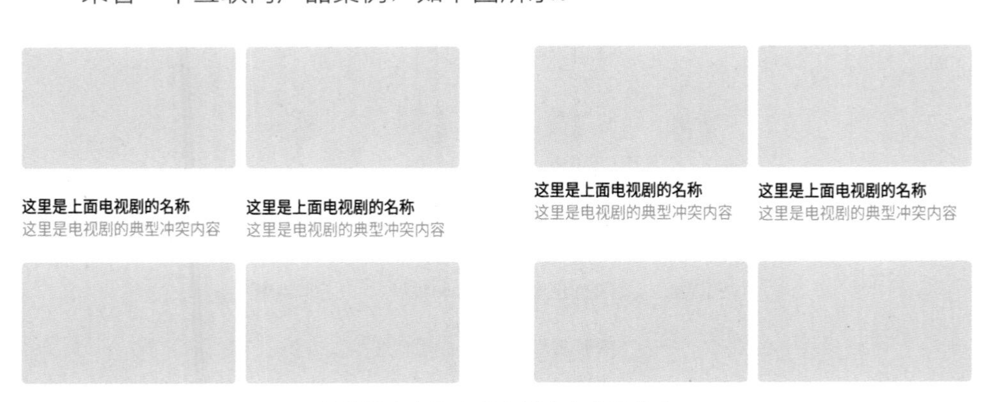

用间距来表达文字和图片的亲密关系

左图：当标题在上下两张图片中间时，用户很难区分标题是归属于上方图片还是下方图片。

右图：当标题离上图近下图远时，标题和上图的亲密性增强，标题归属判断就不容易产生疑问。

2.3.3 相似原则

具有相同属性的元素，会比看起来完全不同的元素更有关联性，这就是相似原则，我们的大脑会倾向于将相似的元素视为一个组，如下图所示。

形状 / 颜色相似性原则的案例

左图：我们会自然地根据形状将其分为圆形、方形和五角形三组。

右图：我们很容易将其分为绿色、灰色两组。

在互联网产品中，我们也会利用相似性来进行信息分组，如下图所示。

不同质感将图标分为两组

在 vivo 浏览器个人主页中，我们采用了不同的视觉形式来区分两组功能，每组内的图标设计是符合相似原则的。

2.3.4　连续原则

按一定规则连续排列的同种元素会被感知为一个整体，这就是连续原则，如下图所示。

连续性

排列成直线的圆点会被看作是一条直线而不是多个圆点；十字交叉的两条直线即使中间缺失也不会被错误认为是 4 条直线。

在现实环境中，星座命名、建筑构图、海报设计、logo 及字体设计等很多地方都运用了连续性的想象，来构建完整的感知对象，如下图所示。

连续性的 logo 和海报

正因为视觉的连续性，我们会自动补齐缝隙形成一个整体，进而让设计更有特色或趣味。

2.3.5　闭合原则

我们的视觉系统会自动尝试将敞开的图形关闭起来，从而将其感知为完整的物体而不是分散的碎片，这就是闭合原则。简单来说，就是人类视觉上倾向于看到整个物体，即使它们视觉上是不完整的，如下图所示。

闭合的圆

不管这个圆缺失了一块、两块，还是三块，都不妨碍我们将其识别为一个闭合的圆形，闭合原则在互联网产品设计中运用非常广泛，比如在列表中，通常会看到半张卡片，如下图所示。

列表中的闭合原则

当屏幕中只有一半卡片时，用户并不会认为这就是一张小尺寸的完整图片，而是会根据闭合原则，理解在其右侧或者底部还存在部分未显示出来的图片，这些未显示出来的图片和已经显示出来的图片共同构建出一张完整的图片。

2.3.6 主体与背景

在一个多元素组合的场景中，有些元素会凸显出来成为主体，有些元素则会退到背后成为背景，而且当用户视觉焦点转移时，主体和背景还会发生转换，如下图所示。

主体和背景

左图：头盔和红唇是主体，青色是背景。

右图：戴帽子的洞口剪影是主体，两边的山岩是背景，如果我们将注意力转移至洞口下方的人影，则人影会成为主体，洞口会成为背景。

在互联网产品设计中，我们经常会用暗色作为背景，浅色作为主体，如下图所示。

主体和背景案例

页面背景是灰色的，主体卡片是白色的。当我们长按出现弹窗时，整体页面都蒙灰变成背景，操作按钮则成为主体。

当设计师进行视觉设计时，需要充分考虑信息的优先级，以凸显核心元素使其成为主体，弱化次要元素，使其成为背景。比如，在海报设计中会特意把元素划分为主体层（焦点信息层）、氛围层（辅助信息层）和背景层（背景信息层），以强化页面的主次关系。

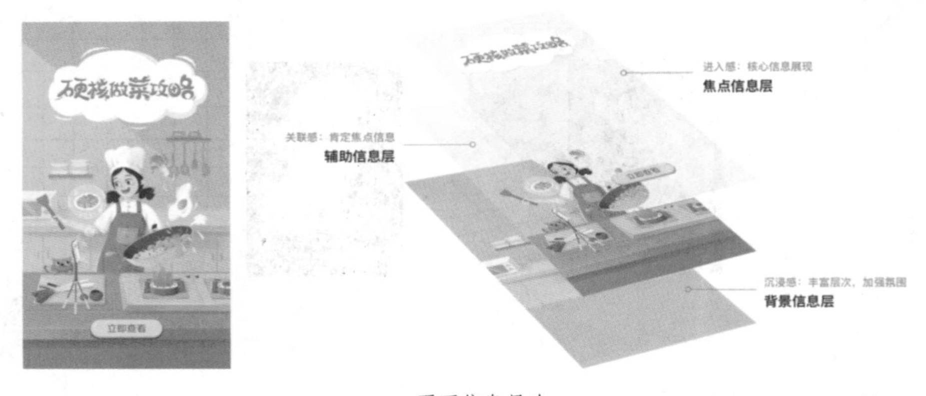

页面信息层次

2.3.7 共同命运

无论元素之间的距离有多远，或看起来有多不同，只要它们一起运动或变化，都被认为是相关的，这就是共同命运原则。一起运动的物体会被感知为属于同一组或是彼此相关，如下图所示。

各不相同的车辆一起运动就会形成一个车队

在进行界面设计时，我们要充分考虑每个元素的形状、大小、位置、颜色、透明度等属性，确保它们遵循格式塔的某一条或多条原则，以便让界面信息层级更清晰。

格式塔法则概括了人在生理层面的视知觉倾向，具有普适性，所以每个设计师都需要正确地理解和运用它们，才能做出符合用户视知觉倾向的界面设计。

2.4　福格行为模型

交互设计本质是对人行为的设计，而福格行为模型通过一个公式：B=MAP，概括了行为的本质：行为只会在动机、能力和提示三要素同时满足的时候才会发生，如下图所示。

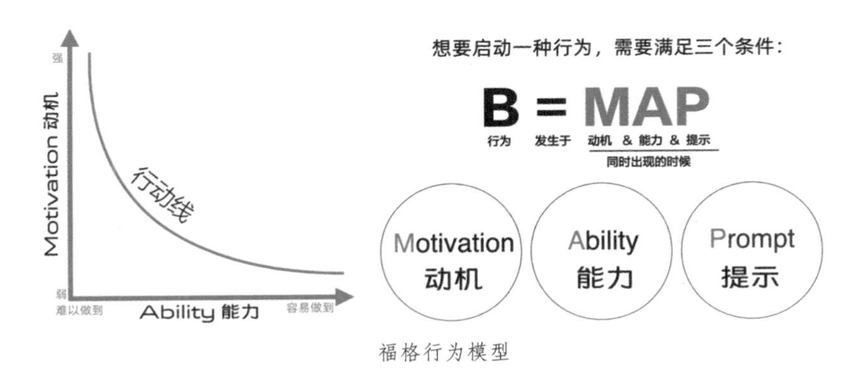

福格行为模型

因此作为交互设计师，我们需要学习并掌握这三要素，才能顺利地启动用户行为。

2.4.1　提示

福格教授告诉我们，要想行为发生，首先要检查是否有合理的行为提示，否则，无论用户的动机和能力有多强，行为都不会发生。互联网产品常用的显性提示包括：Push 通知、数字标记、红点提示、文字提示、振动提示、声音提示等。那么，除了这些显性提示，作为设计师，还有哪些隐性的能够吸引用户注意的秘笈呢？我归纳了 4 类，如下图所示。

吸引用户注意的四大秘笈

（1）运动（包括自身运动 + 附加元素运动）。

（2）人脸（尤其是带有和用户互动眼睛的人脸）。

（3）对比（包括色彩、形状、大小、虚实、投影、情绪等）。

（4）本能（包括危险、食物、性）。

在界面设计中，我们可以将这四类秘笈组合使用，以最大限度地吸引用户注意。

1. 运动

运动，是最有效的吸引用户注意的方式。

从生物学的角度来讲，人的视网膜中有两类细胞：视锥细胞和视杆细胞，视杆细胞有一个非常重要的作用，就是觉察运动。一个个视杆细胞，就像眼观八方的侦察兵，时刻侦察着周围环境的变化，一有风吹草动，就会及时报告并引导视锥细胞看过去。

从进化论的角度来讲，关注运动元素，是我们祖先赖以生存最重要的技能，毕竟在严酷的生存条件下，任何运动的动物，不是以我们为食，就是被我们所食，错失哪一个都不利于我们的生存。

正因为对运动物体的关注，是人的本能且有充足的视杆细胞支持，所以运动是最有效，也是被使用得最为泛滥的注意力引导方式。手机里的 Push 通知、弹窗提示、Gif 动画等，都是以运动的形式来吸引用户注意力，如下图所示。

喜马拉雅的礼包动效

弹窗是从无到有出现的，配合手势的点击效果，按钮也一直在缩放，让用户不由自主地模仿其手势，点击“开心收下”按钮，起到非常好的引导作用。

除了这种额外添加手势的运动，我们还可以挖掘元素本身的运动属性，并将其展示出来，这样的运动方式，会更加贴合场景。

比如对于很多视频类的产品，不只提供静态封面，也会提供动态 Gif 预览，利用动态画面，让用户更好地注意并理解其内容，进而促进内容本身的转化。这类元素本身的运动比附加的动效更容易让用户接受（而不是将其视为干扰）。所以添加运动效果，对设计师的挑战就是：要尽可能结合元素本身及场景的运动特性，让其动起来自然、合理、有趣，让用户愿意看。

2. 人脸

人脸，也是一个被验证的可以有效引导用户注意力的方式。

在人的大脑中，有专门针对人脸的识别视觉区域——梭状回脑区。梭状回脑区可以让人脸绕过通常的视觉解析渠道，快速被人注意和识别。

人是社会性动物，除了自闭症患者，喜欢看脸是人的天性。实验表明，出生不到一小时的新生儿也喜欢看有明显面部特征的物体。

面对人脸，尤其是直视用户的脸，社会人几乎毫无防御之力，总是会忍不住与之对视。所以，在一些展示人物图片的场景，尽可能展示人物的脸，特别是能看到眼睛的脸，可以明显提升该人物图片的视觉吸引力，如下图所示。

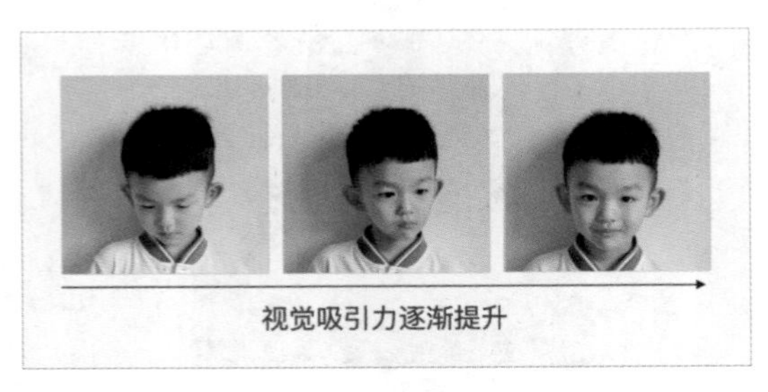

人脸及眼睛对观众的视觉吸引力

不管是设计卡通角色，还是选择物料素材，使用人脸且带有眼睛的图片都可以有效提升该图片的视觉关注度。

如下图所示，天猫“双十一”的“星秀猫”活动就很好地运用了人脸及眼睛对用户的视觉吸引力。

天猫“星秀猫”活动

3. 对比

对比是设计师用得最多的设计手法，作为版式设计的四大基本原则（亲密、对齐、重复、对比）之一，强烈的对比可以帮助用户快速聚焦。心理学上有个形象的比喻叫作跳出效应，指的就是被凸显的元素就像香槟塞一样跃入眼帘，如下图所示。

跳出效应

作为设计师，需要以此为目标，通过色彩、形状、大小（粗细）、虚实、投影、情绪等对比方式，让我们想凸显的元素跃入用户眼帘，吸引用户注意。

1）色彩

色彩是视觉设计的第一语言，明快突出的色彩总是会在第一时间抓住用户的注意力。

页面色彩元素越少，跳出效应越明显，如下图所示。

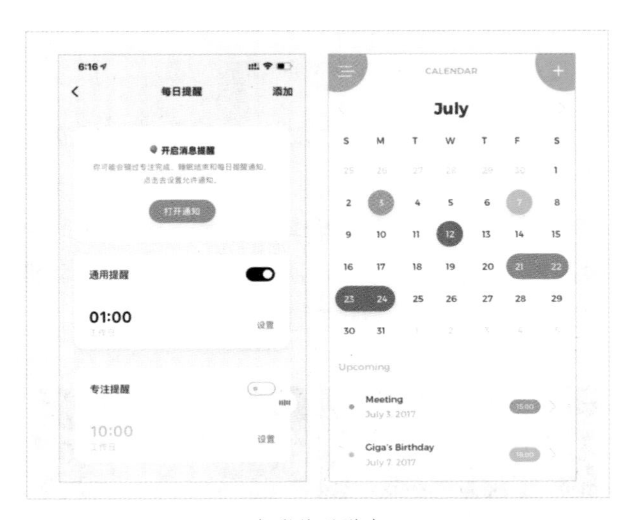

色彩的吸引力

左图比右图的跳出效应更显著，所以我们在使用色彩时要克制，尽量遵从“7-2-1”法则，避免用户眼花缭乱在界面中找不到重点。

除了让元素自带对比色彩之外，设计上也常常采用附加元素色彩的方式来短期增强元素的视觉注意力，比如我们常见的小红点和运营标签，都是通过额外元素的色彩点缀，来增强原信息的视觉醒目度，如下图所示。

微信及 vivo 视频截图

2）形状

一个差异性的形状也具有跳出效应，如下图左图所示。

跳出效应及简单原则

同时，根据格式塔原理，人的视觉天生偏好简洁的形状，越是简单的形状，越能够吸引用户的注意力。所以，在一堆方形中，圆形会产生跳出效应，让人瞬间聚焦。复杂图形对比，图形边缘越是光滑简洁，聚焦效果越好，圆形是所有形状中聚焦效果最好的形状，所以很多 logo 设计和海报的设计，都喜欢使用圆形来吸引用户注意力，如下图所示。

广告海报宣传图

3）大小

大小对用户的吸引力跟相对位置有关，如下图所示。

大小的吸引力

左图：当两个元素并列分开时，越大的元素视觉重量感越强，越容易吸引用户注意力，所以大的方形更有吸引力。

右图：当两个元素重叠时，因为主体与背景原理，大的图形会被看作是背景，小的图形会被看作是主体，所以小的圆形更有吸引力。

来看一下大小在产品设计中的运用，如下图所示。

QQ 音乐截图

为了让用户把注意力放在“个性电台”上，采用大卡片来强化个性电台，通过大小对比聚焦。

在海报设计中，用大的背景来聚焦小的主体，背景越简单，聚焦的主体就越突出，如下图所示。

无印良品海报

4）虚实

虚实模拟的是日常视觉世界中的远近关系，近处的物体清晰，远处的物体模糊。越清晰的物品，越容易吸引用户注意力。在手机上常用的毛玻璃效果，就是通过虚实的效果，让用户聚焦在当前的主体上，如下图所示。

iOS 文件夹的毛玻璃效果

5）投影

在 Material Design 中，在屏幕的 X 轴和 Y 轴构成的平面之上，还引入了 Z 轴的概念。Z 轴表示平面上各图层元素的高度关系，这种高度关系，主要是通过投影来体现。投影越大，代表图层在 Z 轴上的位置（海拔）越高，如下图所示。

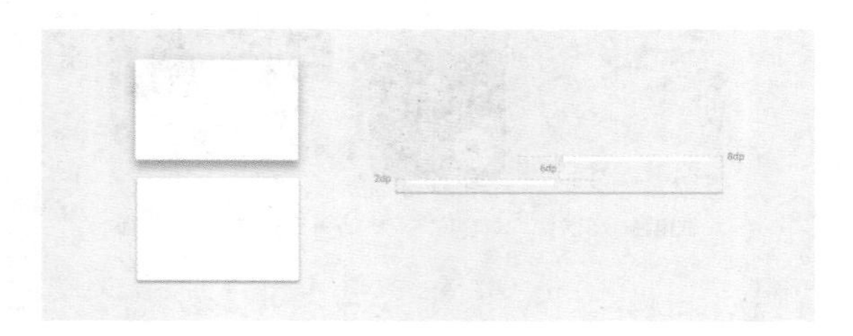

投影与 Z 轴的位置关系

海拔越高，投影越重，视觉层级越高，越容易吸引用户的注意力。

以 vivo i 视频为例，如右图所示。

头部运营位海拔最高，投影最重，希望借此强化用户视觉焦点；其次是“你正在追”，用户需求度最高，投影较轻；最后是长尾的推荐楼层，无投影。

vivo i 视频中视觉层级与投影的关系

6）情绪

人是社会性动物，对于他人的情感变化非常敏感，越是强烈的情绪，越容易唤起用户的注意力，如果要增强人物的表现力，可以用更饱满的情绪来吸引用户。

大家在选择和设计运营类的插画时，可以以情绪为刻画点，来增强人物的视觉注意力和情绪感染力。

4. 本能

人有三个大脑：本能脑、情绪脑和理智脑，它们是逐渐演化而来的。

本能脑最先演化，它的工作就是持续不断地观察环境并提出问题：它会害死我吗？能吃吗？能发生性关系吗？这些生存要素就是本能脑所关心的所有事情（危险、食物、性）。

本能脑时刻运转且不受理智脑掌控，所以我们无法对危险、食物和性视而不见。无论你如何自控，都无法抗拒危险、食物和性所产生的吸引力。

本能对用户的吸引力是最强的，之所以放在最后，是因为在界面设计中很难直接使用，但在游戏和运营活动中还是可以参考使用的。如果场景中可以使用有吸引力的人物或危险情况的图片，可以选取一部分这样的素材，因为它们确实是用户注意力的磁石。

2.4.2　能力

能力，是对人们探索、认知和改造事物的水平的度量。根据福格行为模型，行为位于行动线上方还是下方，取决于动机和能力，如下图所示。

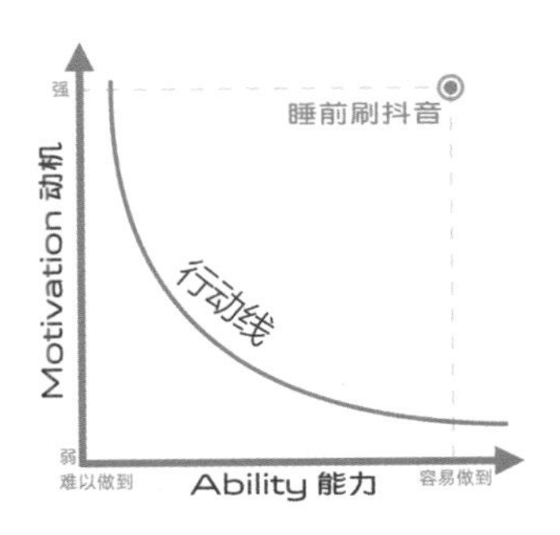

行为与动机能力之间的关系

当用户动机强，且能力上又很容易做到时，用户就很容易达成行动，甚至沉迷。比如具有“时间黑洞”之称的抖音，就是因为用户有超强的放松娱乐动机，再加上非常容易做到的“上滑 + 观看”行为，使得刷抖音成为一种非常普遍的社会现象。

作为设计师，当不确定用户动机强弱时，最可靠的方式就是提升用户能力（或者降低行动成本，让用户更容易做到）。因为动机一定时，行为越容易做到就越容易发生。越是频繁的发生，就越容易做到，从而形成用户习惯，如下图所示。

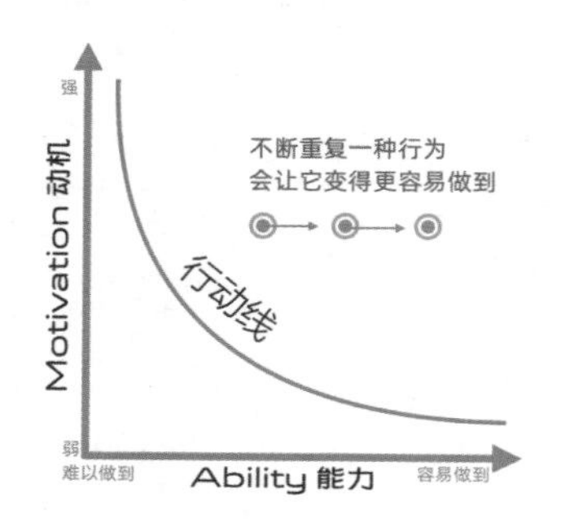

比如运动，第一次会腰酸背痛
形成习惯，不锻炼会浑身难受

提升用户能力的方法—重复

那如何才能降低用户行动成本，提升用户行为能力呢？

设计师可以从视觉负荷、认知负荷、操作负荷 3 个维度进行设计思考。

1. 视觉负荷

视觉负荷指的是界面信息的视觉复杂度。

通常来讲，用户对界面的愉悦度感受随着视觉负荷的增加，呈现出先上升后下降的趋势，如下图所示。

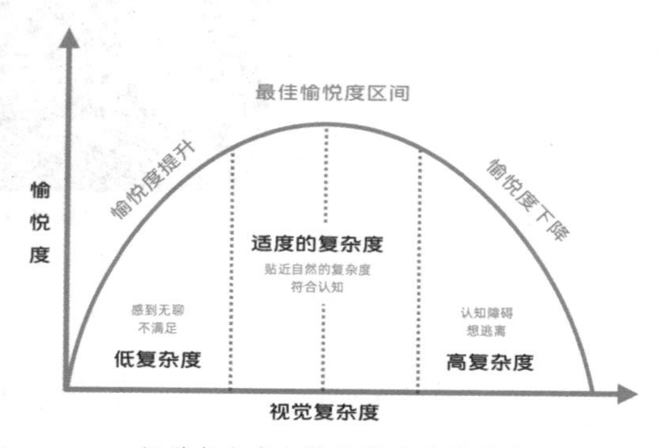

视觉复杂度与愉悦度感受的关系

产品第一印象的形成只需要 0.5s，视觉复杂度过低会让人感觉简陋无聊不满足，但视觉复杂度太高，又会增加用户的认知障碍，让用户扭头就走。所以设计师需要尽最大的努力去营造最佳的视觉感受。

当界面初始状态为空、界面信息比较少，或者出现错误无法显示内容时，设计师可以通过设计插画、动效甚至小游戏的方式，来增加界面复杂度，以提升用户情感愉悦度，如下图所示。

增加首页视觉复杂度

极简浏览器首页内容相对较少，设计师可以通过增加背景插画的方式，让首页视觉更有意义感和欣赏性。但要注意，增加视觉复杂度时不能影响到主体元素的信息传达，否则就喧宾夺主了，如下图所示。

降低视觉复杂度

对于登录页而言，左图登录框的背景插画太重了，容易让用户把视觉焦点转移到背景上，所以应该降低背景元素的视觉复杂度，让登录框重新回归主体地位。

随着产品的迭代，多数产品都是越做越复杂，所以前期做交互设计时，要充分贯彻交互设计四策略：合理删除、分层组织、适时隐藏、巧妙转移，以降低用户的视觉负荷，让信息功能更精练，主次更清晰。

2. 认知负荷

认知负荷是指用户在界面上理解、思考、回忆、计算信息的脑力消耗。

交互设计有一条经典的原则叫“Don't make me think”，指的是不要让用户思考，不要增加用户的认知负荷。

相对于视觉负荷和操作负荷而言，认知负荷消耗的能量更多。如果每个步骤都提供了用户所预期的信息，只需要惯性操作，不需要动脑思考，即使步骤相对较多，用户也会感觉轻松。

在降低用户认知负荷层面，有以下 3 种常见的设计策略。

1）保持设计的一致性

所有一致性的设计，都可以降低用户认知成本。所以进行交互设计时，对外，要考虑行业产品设计的一致性；对内，要考虑各功能组件操作的一致性。设计任何功能，都要考虑其与用户心智模型的一致性，确保用户可以调用已有的心智模型来认知理解，降低认知负荷。

成熟产品的设计模式往往都是一致的。如下页图所示，长视频类产品，其产品框架及首页结构都是一致的，短视频产品的主界面布局和操作交互也都是一致的。

2）渐进式呈现

当一项任务比较复杂时，我们可以将其步骤全部整理出来，然后根据步骤之间的亲密性进行分组，把任务拆分成多个子模块，每次只展示一个模块，通过分步导航的模式渐进式地呈现，如下图所示。

长视频产品框架结构的一致性

短视频产品布局及操作一致性

账号申诉表单的渐进式呈现

为了保障用户账号的安全性，用户在进行账号申诉时，需要提供较多的身份及账号信息，以确保申诉者是用户本人。设计师把需要用户提交的信息按照身份认证信息、账号必填 / 选填信息、联系方式进行了分类，并按照重要性和相关性进行分步填写，减少用户填写表单的视觉负荷和认知负荷，让用户更有信心完成表单。

3）信息可视化

从信息传达效率和易理解性上来讲，图表化、富媒体化的信息，会比文字信息更容易理解和吸收，所以网上才会有“字不如表、表不如图”的说法。如下图所示，图表比文字传递信息更加直观。

已解决	待开发	待设计
492	170	28
71%	25%	4%

4%
25%
71%

信息可视化降低认知成本

所以，设计师需要思考信息的最佳表现形式，尽量将信息结构化、可视化，一目了然地传递，减少用户认知成本。

此外，图表可视化，不仅可以降低认知成本，还可以渲染氛围和情感，让用户从情感上更加容易接收信息，如下图所示。

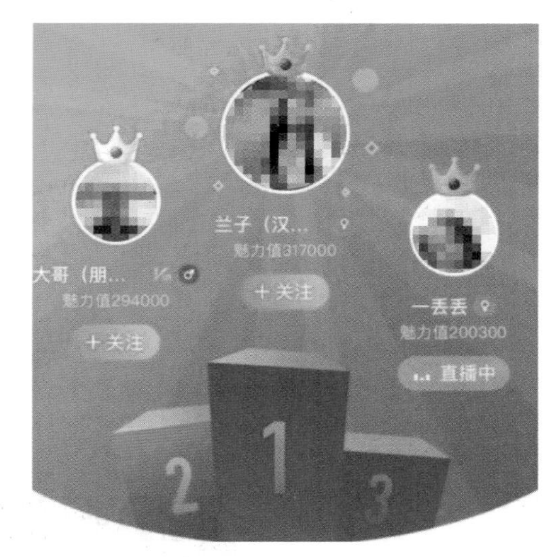

信息可视化降低认知成本

通过将榜单可视化为领奖台，可以更直观地传递前三名的信息，并且增强他们的荣誉感。

3. 操作负荷

操作负荷指的是用户移动眼球、头部、肢体、胳膊、手指等身体部位的运动耗能。

降低操作负荷可以分为以下两大步骤：

1）尽可能地减少操作步骤 / 对象

一般来讲，每增加一个步骤，转化率就会有一定降低。所以我们在设计时，还是要先贯彻交互设计的第一策略：合理删除，先做减法，尽可能地减少用户的操作步骤。

2）在操作步骤确定的情况下，尽可能地减少每一步的操作负荷

降低单个步骤的操作负荷，常用的指导原则是费茨定律。费茨定律告诉我们，操作负荷与操作对象的距离和大小有关。想让用户快捷地完成操作，要尽可能地加大操作对象的面积，并减小与操作对象的距离。

以 vivo 浏览器搜索框的设计为例，当把搜索框的高度增加后，不仅用户

反馈满意度提高了，点击率也有微涨，如下图所示。

增大操作面积降低操作成本

再比如手机系统的搜索设计，按照用户对搜索的固有认知和习惯，多是位于屏幕上方的，但 Android 最新系统把搜索放到了底部，确实对于高频搜索的用户来讲，点击会更加方便，如下图所示。

减小操作距离降低操作成本

根据费茨定律得出：

（1）交互对象面积越大越易用。

（2）交互对象距离越短越易用。

除此之外，考虑到人的手指在屏幕上滑动的轨迹很难做到直线，稳定维持以及多指触控，还可以衍生出以下三条原则：

（1）交互方向越宽泛越易用（要注意避免和其他交互方向产生冲突）。

（2）交互时间越短越易用（尽量使用单击交互，避免长按或双击）。

（3）交互接触点越少越易用（尽量使用单指操作，避免多指交互）。

也就是说，我们可以从大小、距离、方向、时间、触点五个维度来综合考虑降低用户的单次操作成本。

2.4.3　动机

动机是人们完成某个特定行为（如今晚看书 30min）或某类行为（如每晚看书 30min）的欲望。

福格教授在《福格行为模型》一书中，提到了影响动机的三要素，如下图所示。

影响动机的三要素

（1）人物：你自己想要的；

（2）行动：你希望通过采取行动可以得到的外部利益或避免的惩罚；

（3）情境：你的周遭环境。

动机可以来源于这三个要素中的任何一个或多个。为了方便大家理解，我把动机描述略做调整，如下图所示。

动机的 3 个来源

本能喜好：符合人类本性的，或者跟用户兴趣爱好匹配的，这个行动本身就可以给用户带来愉悦感，比如吃东西、看美女、逛淘宝。这也对应很多心理学家所说的内在动机，内在动机驱动的行为本身就能为用户带来快乐、成就、意义，更容易让用户产生心流状态，所以想让用户完成某个行为，最理想的情况就是让这个行为符合用户的本能喜好，能给用户带来即时的满足感。

奖惩刺激：属于典型的外在动机，用户不一定享受行动本身，但是希望通过行动获得奖赏或避免惩罚，比如做任务抽奖、刷题备考、锻炼减肥等。奖赏可以是有形的金钱、奖品、证书等，也可以是无形的表扬、支持、认可等。

情境影响：用户本来没有动机或动机很弱，但是受到周围环境的刺激后，会触发服从 / 跟随效应，比如排队、刷热点、追剧等。某种程度上，情境影响也是一种外在动机，它受人的社交尊重需求的驱使和牵引。

那在设计上如何运用这三种方式来增强用户动机呢？我们逐一来看。

1. 本能喜好

在提示章节，我们讲过本能（食物、危险、性等）是吸引注意力的磁石，因为我们的本能脑无时无刻不在周围环境中搜索它们的线索，这是人类的原始动机和欲望，所以我们在环境和素材允许的情况下，可以使用与本能相关的图片素材，吸引用户注意的同时增强用户动机，如下图所示。

本能提升动机

此外，迎合用户的个人喜好也会激发用户动机。比如很多女性朋友都反馈爱逛淘宝，是因为淘宝总能给她们推荐喜欢的宝贝。

在本能喜好维度上，一是要看业务与本能的匹配度，二是要依赖算法进行千人千面的内容推荐。设计师可以做的就是在表现层上，凸显这些与用户动机强相关的因素，以唤起用户的内在动机。

2. 奖惩刺激

奖赏是典型的外在动机刺激，在互联网产品中应用非常普遍，几乎所有的运营活动都会以奖赏为诱饵，吸引用户参与，如下图所示。

奖赏提升动机

但是，所有的外在动机都存在这样的弊端：用户期待的奖赏出现时，行为涌现，奖赏消失后，行为消失，甚至原来用户有内在动机的行为，因为外在奖赏的刺激消退，对应的行为也会消退。所以奖赏刺激要想长期有效，核心还是要让用户在行为过程中感受到行为本身的乐趣，将外部动机转化为内部动机，否则奖赏活动结束后，效果反而会跌入低谷。

在互联网产品中，惩罚用得相对较少，但是社会生活中用得还是比较多的，比如迟到罚款、闯红灯扣分等，因为惩罚机制的威慑，也会加强用户的正向行为。

3. 情境影响

情境氛围营造，在线上线下销售场景中，运用得非常普遍，目的就是要刺激用户的购买行为。设计上比较常用的包括《影响力》一书中提到的社会认同、权威和稀缺。

1）社会认同

社会认同是一种参考他人行为来指导自己行为的心理现象，也就是我们常说的从众心理。它主张其他人，尤其是与自己同类的其他人都相信、有所感或正在做的事情，自己去相信、去感受、去做也是恰当的，这种恰当感能提升人们的行为动机，推动人们做出行动。

互联网上常见的使用社会认同的功能包括榜单、评测、标签、评论等。

社会认同源自人的社交归属感。人类作为群体性动物，总是希望能够融入周围的圈子，与周围人的言行、思想保持同步，所以周围人都在做的行为，很容易引起群体性模仿。

2）权威

权威是指人们倾向于遵从权威/专业人士。因为相信他们会发挥专业智慧，听从他们会带来好的结果。网络宣传中也经常使用权威性来提升吸引力，如下图所示。

权威提升动机

IXDC 国际用户体验设计大会会邀请很多专业人士和机构来背书，一些医学类的产品也会请医学专家背书，这样可以提升产品的专业度和可信度，当人们面临多个选择无法决策时，就更容易采取权威的建议。

3）稀缺

“物以稀为贵”是一种典型的社会心理学观念，人们会为稀缺的事物赋予更高的价值。这种心理现象源于损失厌恶的认知偏差，即强烈希望规避损失而不是获得收益。

物品的稀缺性不光提高了损失的可能性，还提升了我们对该物品价值的判断。以消费者的眼光来看，任何获取限制都提升了物品的价值，如下图所示。

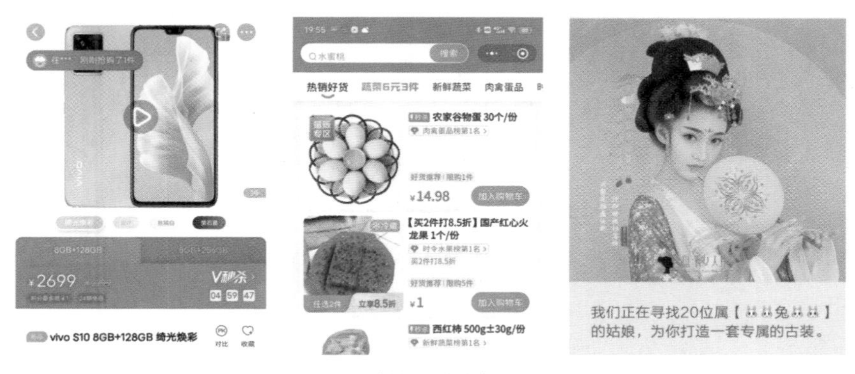

稀缺提升动机

很多在线产品都会营造限时、限量、限身份等多种稀缺性氛围，激发人的损失厌恶心理，提升购买动机。

2.5　场景化设计

交互设计本质是对人行为的设计，根据福格行为模型 B=MAP，人的行为是受动机（M）驱使的，受自身能力（A）限制的，被所在场景中的提示（P）所影响的。

再回顾一下交互设计五要素：“用户”在某个“场景”下，借助某些“媒介”，通过某些“行为”达成最终“目标”。

交互设计，离不开对用户场景的挖掘和还原，只有了解了用户是谁，目标是什么，在什么场景下，使用什么媒介，我们才能够基于这些提供合适的提示和行为交互方式，帮助用户去达成目标。

场景有广义和狭义之分，狭义的场景是指主体之外的物理和人文环境，而广义的场景，不仅包含主体及其所在的物理和人文环境空间，还包括它们在时间维度上的变化。

为了让大家更好地理解场景，我将场景六要素总结为 6W 场景公式，如下图所示。

6W 场景公式

场景 = 什么类型的用户（Who）在什么时间（When）什么地点（Where），因为察觉到什么提示（What Prompt）而产生什么需求（What Needs），并能够通过什么行为（What Behavior）来满足这种需求。

在模型中，绿色部分用户、时间、地点、需求都是相对客观的，我们可以通过用户调研来挖掘；黄色部分的提示和行为则是我们部分可控的，需要顺应用户目标和习惯来设计。

大家可以借用 6W 场景公式来进行场景挖掘和设计。

2.5.1　场景挖掘

场景挖掘，就是要尽量清晰地还原用户场景中的六大要素，帮助设计师了解当下用户是在什么外在环境下产生需求，又是通过什么现有方式去满足需求的。大家可以通过问卷、访谈等调研方式来挖掘用户使用产品的场景化信息。

以搜索为例，我们可以向用户提问（大家可以替换成自家业务场景）：

（1）你现在从事什么职业？可以描述一下你工作日和休息日的典型一天安排吗？

（2）你生活中遇到问题想要寻求解决方案时一般会怎么做？

（3）你最近半年在手机的哪些产品中有过搜索行为？

（4）你经常搜索哪些方面的问题？

（5）你经常在什么场景下会产生搜索需求？

（6）你希望通过搜索达成什么目标？

（7）你一般会在什么时间进行搜索？

（8）你一般会在什么地点进行搜索？

（9）你一般会在什么设备上进行搜索？

（10）你一般会采用什么 App/ 网站进行搜索？

（11）你最近半年使用过哪几种方式进行查询（文字 / 语音 / 图片）？

（12）你进行查询时一般是怎么操作的？（操作演示）

……

大家可以参考这些问题进行问卷和访谈调研，并总结提炼用户使用产品的不同场景：

________（什么用户），在________（什么时间）________（什么地点），因为觉察到________（什么提示）而产生________（什么需求 / 目标），并尝试通过________（什么行为）来满足这种需求。

举两个搜索场景化案例：

（1）学生晓梧，在学校食堂吃午饭时打开手机，看到了挂件中的热词：大学生就业新风向，她想要了解一下，于是点击热词，进入详情页查看。

（2）一位 62 岁的大叔，早饭后坐在自家沙发上拿起手机，看到了挂件中的热词：夏日养生指南，点击查看时，热词变成了明日大降温，结果进入降温的详情页。

这是我们用户调研时的两个场景，一个符合预期，一个出乎意外。进行用户调研时，除了典型场景，要特别注重挖掘极端场景，并对极端场景进行包容性设计，这样可以帮助提升全量用户的易用性。

2.5.2 场景化设计

当我们将用户场景提炼出来后，就可以针对场景中的客观要素：用户、时间、地点、需求，为用户提供不同的信息提示和交互行为，实现场景化设计的目标。

具体场景化的维度可以细分为以下 6 类：

1. 用户类型

为不同用户提供不同类型的信息。

以支付宝为例，它会基于不同的用户画像，为不同的理财用户提供完全不同的产品信息和服务，引导用户使用和成长，如下图所示。

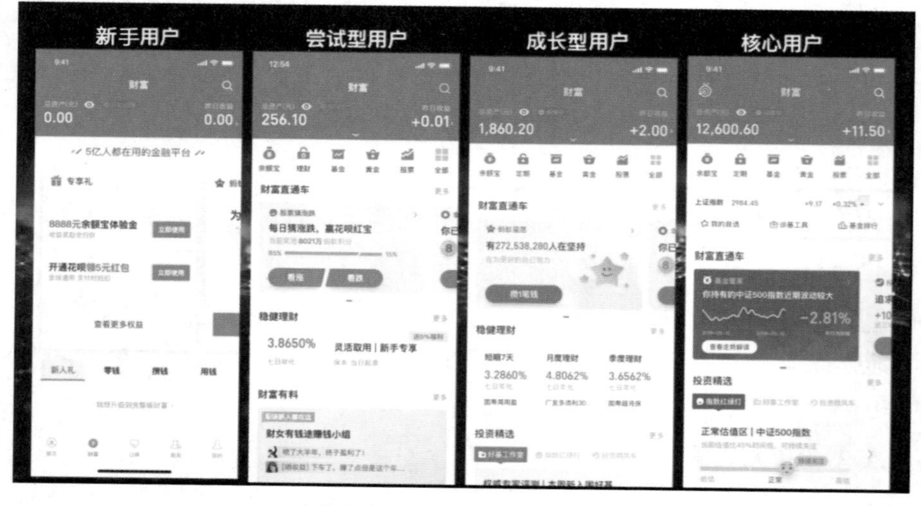

支付宝为不用用户提供的不同设计

（1）新手用户：凸显新用户专享礼，鼓励新用户参与。

（2）尝试型用户：提供“单次互动 + 单一产品推荐”，降低用户操作和认知成本。

（3）成长型用户：提供“连续互动 + 多项推荐”，提升用户黏性和掌控感。

（4）核心用户：提供“专业信息和资讯 + 自主配置”，提升用户掌控感。

2. 用户前置行为

基于用户的前置行为，给用户提供当下最需要的信息，如下图所示。

基于前置行为的场景化设计

（1）当用户复制了一个淘宝链接后打开淘宝，会直接在首页弹出查看链接详情的弹窗；

（2）当用户复制了银行账号之后打开招商银行，会直接在首页弹出转账提示的弹窗。

这是基于用户的前置行为，给用户提供可能需要的信息。

3. 用户当下状态

考虑用户当下的状态，为用户提供不同的交互方式及反馈，如下页图所示。

以微信语音为例，当用户正常持握手机，点击语音消息，语音消息会用扬声器播放且保持亮屏，但当用户把手机贴近耳边之后（用户状态变化），扬声器模式会自动转为听筒模式且黑屏，既省电又能让用户听得更清楚。

基于前置行为的场景化设计

另外，微信的语音消息时限是 1min，如果用户说话超过 50s，会同时出现振动和倒计时提示，振动可以把用户注意力拉回屏幕，倒计时则提供明确的结束提示，二者配合让用户能更好地掌控语音进度。

用户跟设备实时交互可以让我们了解用户当下的状态，当用户未和设备交互时，我们也可以根据设备状态推断用户状态，并做出合适的场景化设计，如下图所示。

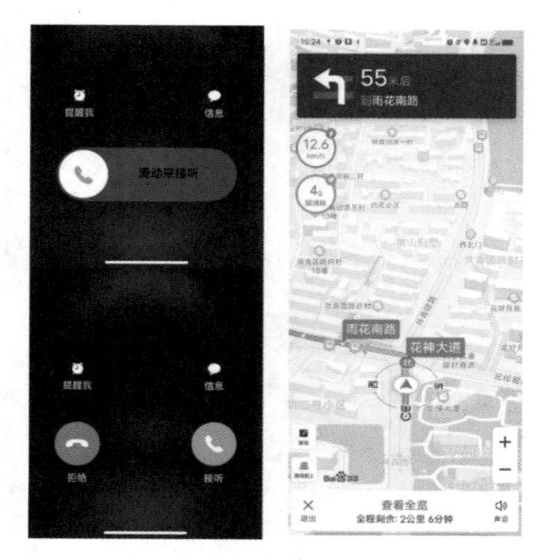

基于前置行为的场景化设计

以苹果手机接听电话为例，当手机处于未锁屏状态下时接听电话（表明用户正在使用），点击即可接听；当手机处于锁屏状态下时接听电话，需要滑动才能接听，避免用户拿起手机时误触。

再以百度地图为例，如果查询了骑行或自驾路线后，停留在路线页面无行驶速度，则会保持在路线页，方便用户继续预览路线信息，若检测到稳定的行驶速度，则会自动进入导航页，直接为用户开启导航，减少用户操作成本。

这都是基于用户当下状态的场景化设计，我们一方面要根据用户的行为还原用户的场景，另一方面还可以借助手机的各种传感器还原用户的场景。

4. 时间维度

按照时间顺序给用户推荐合适的信息。

以航旅纵横为例，它基于用户的时间旅程，在不同时间节点给用户的场景化提醒非常贴心。

（1）出票提醒：任何渠道出票马上提醒用户，给予用户掌控感。

（2）值机提醒：提醒用户提前值机，选择心仪的座位。

（3）天气预警：恶劣天气预警，给予用户延误预期，方便用户安排行程。

（4）出发提醒：出发前通知提醒，避免用户迟到。

（5）延误提醒：告知延误情况并给予用户等待时间预期。

基本上把用户在不同时间阶段需要的服务和信息都及时地提供给了用户，非常贴心实用。

5. 地点维度

在不同地点推荐给用户需要的信息。

以百度地图为例，它会基于用户当下的位置，在地图首页浮层顶部“C 位”提供推荐服务，也会在导航到某地时提供语音播报，帮助用户快速触达此时此地最可能需要的服务，如下图所示。

基于地点的场景化设计

这都是基于用户位置的场景化设计。

6. 需求 / 目标

场景化设计还可以基于用户需求或目标，提供更便捷的交互方式帮助用户达成目标。

以手机 QQ 为例，当用户想引用某条消息表达观点时，长按消息再点击情境菜单中的“引用”按钮，操作会比较烦琐，而通过左滑消息即引用消息的交互，可以帮助用户更快捷地实现目标。当用户想 @ 某个用户发表信息时，手动输入 @ 符号，再查找用户名称的方式效率也很低，而通过长按用户头像的方式，可以帮助用户快捷地达成 @ 人物的目标。

类似于左滑消息、长按头像这样的交互，都是设计师基于用户目标而设计的快捷方式，不仅交互一步到位，而且交互对象与目标的亲密性也非常强，一旦用户使用之后就再也离不开了。

小结一下，进行场景化设计，我们需要先通过用户研究的方法去还原用户场景的六要素，然后在针对用户、时间、地点、需求去设计产品的提示信息和交互行为，以便让用户通过更自然、便捷的行为方式达成目标，如下图所示。

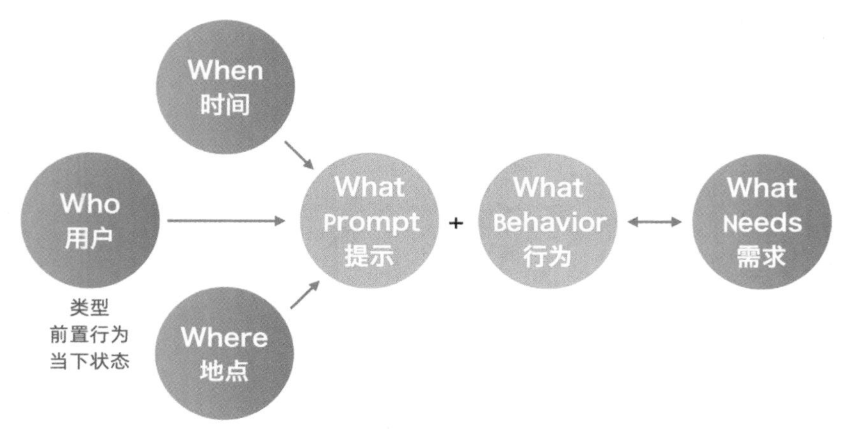

场景化的设计维度

2.6　Material Design 设计规范

为什么在设计方法论的最后一节要讲设计规范呢？

一是因为设计规范是理论与实践沉淀的精华，学习规范可以同时学习理论和实践案例。

二是作为设计师，一旦进入工作岗位，不管过往经验如何，都需要能快速地输出符合设计标准的交互方案。那新手设计师如何提升设计的合格率呢？根据设计规范输出设计方案是最快捷有效的方式，虽然中规中矩，但犯错概率最小。

作为移动端的设计师，iOS 人机界面指南和 Android 的 Material Design 是大家必须要学习和掌握的。之所以本书选择 Material Design（后文简称 MD）来介绍，是因为 Android 作为开源系统，各大手机厂商有很大的改造空间，所以 Google 设计团队下了很大的功夫来完善和推广 MD，从组件概述、规格到使用指南、实现方式，无所不包，而且图文并茂，案例丰富，易读易懂，堪称保姆级设计规范。只要用心学习 MD，就能够打下很好交互设计基础。

我们先来扫视一下 MD 在官网上的目录，如下图所示。

Material System

Introduction

Material studies

Material Guidelines

Guidelines overview

Material Theming

Usability

Platform guidance

Material Foundation

Foundation overview

Environment

Layout

Navigation

Color

Typography

Sound

Iconography

Shape

Motion

Interaction

Communication

Machine learning

Components

App bars: bottom

App bars: top

Backdrop

Banners

Bottom navigation

Buttons

Buttons: floating action button

Cards

Checkboxes

Chips

Data tables

Date pickers

Dialogs

Dividers

Image lists

Lists

Menus

Navigation drawer

Navigation rail

Progress indicators

Radio buttons

Sheets: bottom

Sheets: side

Sliders

Snackbars

Switches

Tabs

Text fields

Time pickers

Tooltips

MD 官网中的目录范围

作为设计师，我们在学习任何材料时，都不能只是从头到尾读一遍，这样的知识留存率会很低。应该要边阅读边思考，把所学的和已有知识体系做连接，构建一套新的信息结构，就像我们对设计法则进行重组一样。在知识解构再建构的过程中，我们会加深对知识的理解，运用也会更加娴熟。

去年春节，我花了几天时间温习 MD，并将所有内容重新整理成如下图所示的结构。

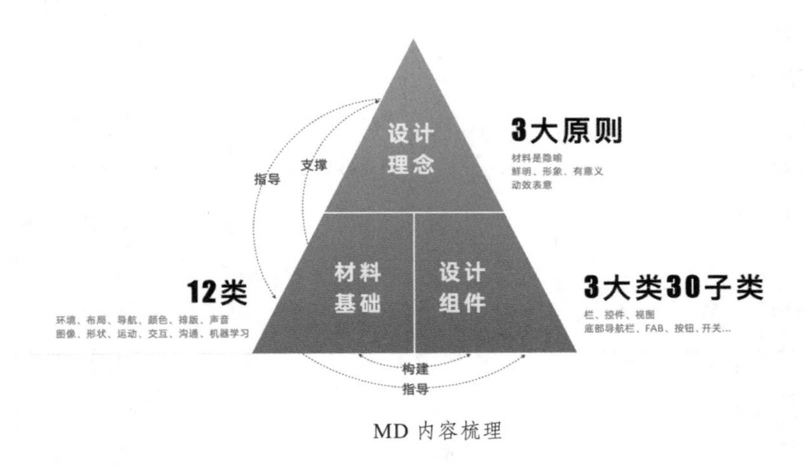

MD 内容梳理

设计理念是最顶层的设计思想，它指导着材料基础和组件的具体设计，而材料基础和设计组件则是设计理念表达的载体。材料基础和设计组件互相构建，形成可见的设计元素和视图，三者互相支撑，构建完整的设计系统。

2.6.1　设计理念

MD 的设计理念可以归纳为 3 大原则，直指 MD 的核心设计精髓，如下图所示。

MD 的设计理念

1. 材料是隐喻

隐喻是 iOS 诞生之初推出的设计理念，Google 的设计师在 MD 中将其发扬光大，成为 MD 最核心的设计理念。

MD 的灵感来自物理世界的纸墨，包括它们的物理属性、质感和投影。在物理世界中，纸张可以相互堆叠或连接，但不能相互穿过，它们会投射阴影并反射光线。MD 通过面、海拔和阴影来反映这些特性。

1）面

MD 中所指的材料本质就是面（Surface），它具有三维属性，如下图所示。

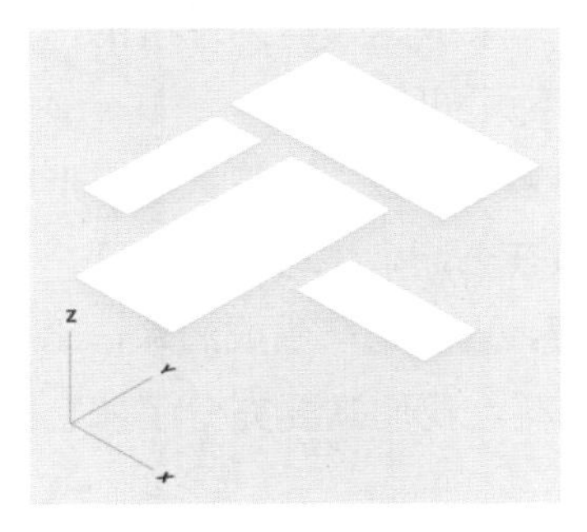

面的三维特性

面作为 MD 的默认材料，其内在属性包括：颜色是不透明的白色，在 X 轴和 Y 轴上占据一定的大小，在 Z 轴上占据 1dp 的厚度，并且会投射阴影。

面是容器，也是内容的载体，内容依附在面上，但内容不是单独的一层，显示它不会增加面的厚度。

当我们对内容进行操作时，内容的反馈可以独立于面，即内容可以缩放、更换、旋转，但面保持不变。如下图左图所示。

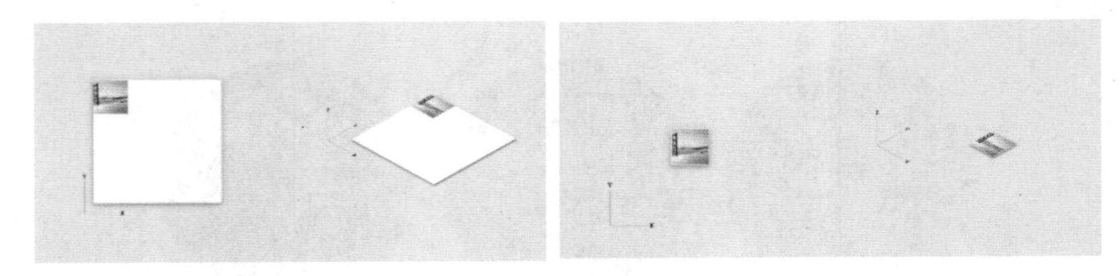

面与内容的关系

当我们对面进行操作时，内容可以保持固定大小和位置不发生变化，也可以跟随面的行为，同步地进行缩放平移，如上图右图所示：面缩小，内容也同步缩小。

面作为纸张的隐喻，具备一些纸张的物理特性。比如：

（1）一个操作只能触发一个面的反馈，不能一个操作触发多个面反馈。

（2）因为面有 1dp 厚度，所以即使两个面重叠，它们所占据的也是不同的空间。

（3）一个面不能穿透另一个面，也不能像气体、液体或凝胶那样流动。

（4）面可以沿任何轴线运动。

这些纸张的物理特性大家是比较容易理解的，此外，面还具有纸张所不具备的一些魔法特性，如下页图所示：

（1）面可以根据内容展示需要，改变大小、形状、透明度。

（2）多个面可以连接在一起，也可以拆分开。

（3）面可以根据需要，自发地产生或消除，比如弹窗、气泡等。

面是 MD 最重要的材料，我们需要充分了解它的特性，才能够在此基础上进行设计实践和创新。

面的魔法特性

2）海拔

海拔（Elevation）在物理世界中是指地面某个地点高出海平面的垂直距离。MD 也借用了这一概念，用于表达面在 Z 轴上的垂直距离，如下图所示。

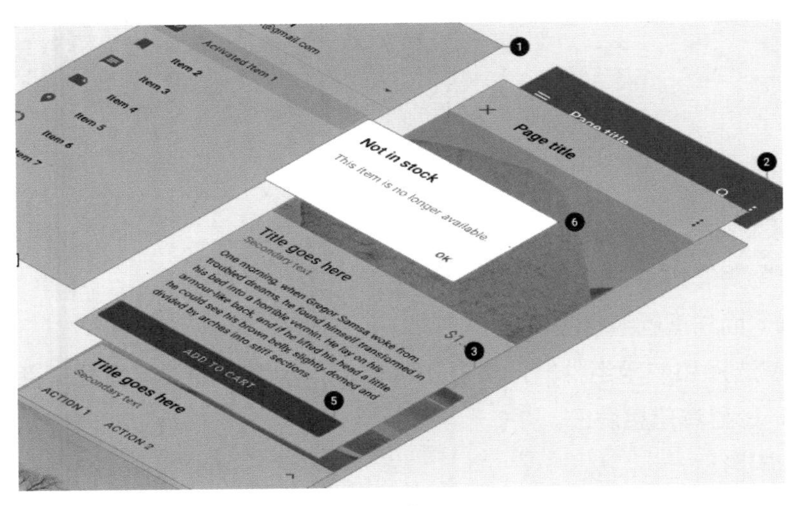

海拔

在图中，弹窗⑥的海拔高于内容上的按钮⑤，高于内容③，高于标题栏②，高于底部背景①。

MD 中所有组件都有默认的海拔高度，如下图所示。

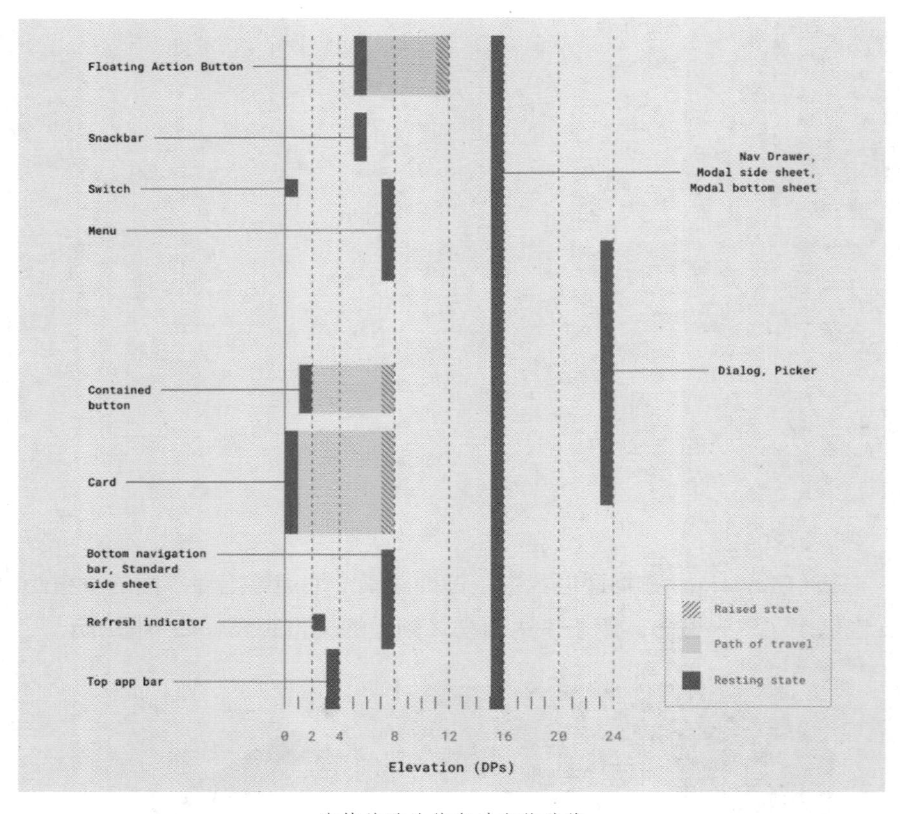

海拔的默认值和动态偏移值

在设计中，有以下两种常见的表达海拔的方式：

（1）阴影大小；

（2）面与面的遮挡关系。

大家选择和使用组件时，需要正确地使用阴影、动效等方式来匹配其海拔高度，彰显其信息层级。

3）阴影

材料的面受光源照射后会投射阴影。阴影提供了关于海拔、运动方向和面边缘的提示，面的阴影由其高度和其他面的关系决定。相同背景下，高海拔的面阴影较大，低海拔的面阴影较小。

无论是面、海拔，还是光影，都是借用物理世界的材料展示 MD 的设计理念：材料是隐喻。

2. 鲜明、形象、有意义

MD 的第二大设计原则是鲜明、形象、有意义。在 MD 中，所有的材料和组件都遵循这一设计原则。

1）鲜明

MD 的色彩运用十分鲜明，如下图所示。

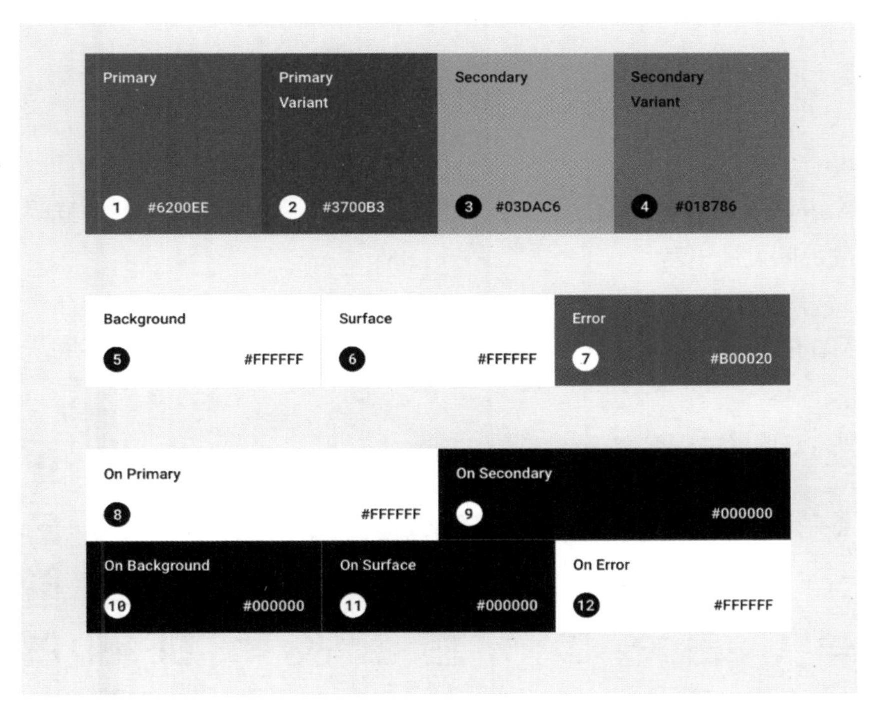

鲜明的色彩

内置主题色，色彩对比强烈；动态色彩可以自适应用户的桌面壁纸。

每种色彩体系都提供主色、中性色和辅助色。主色用来强调关键组件如 FAB、按钮、顶部应用栏等。中性色用于背景和面，或强调文本和图标。辅助色用于一些特殊状态如错误提示。

2）形象

MD 的形状多变，设计师可以创建个性化的几何形状去表达品牌形象，如下图所示。

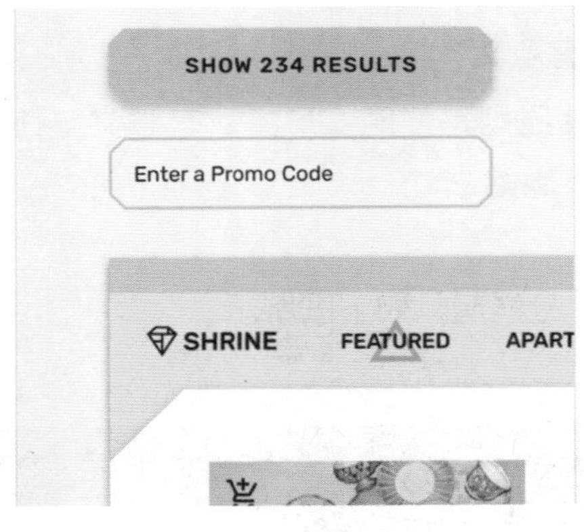

形象的形状

App 可以直接使用 MD 中的组件自定义形状，方便设计师创建鲜明且个性化的品牌设计语言。

3）有意义

MD 的图标和图标动效，充分传递了有意义这一设计理念，如下图所示。

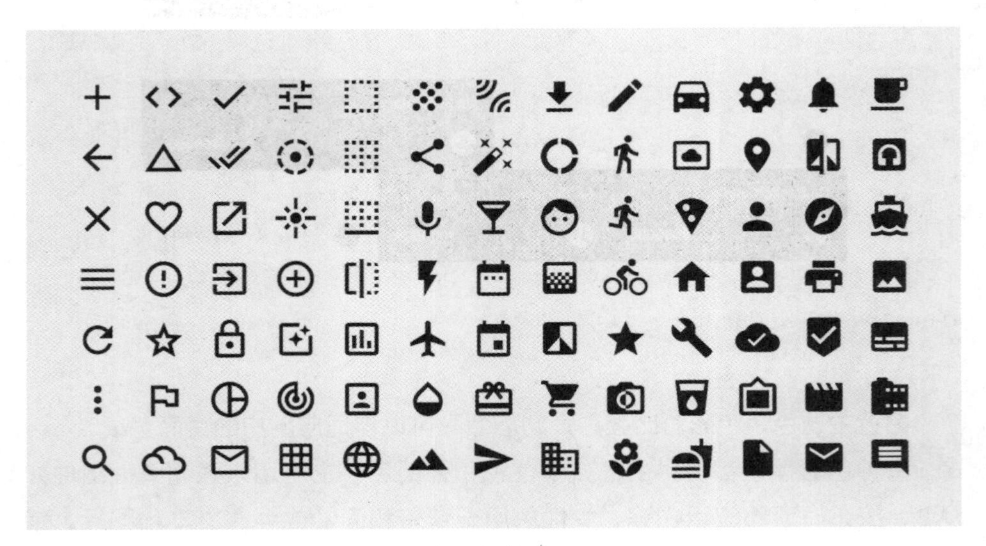

有意义的图标

在 MD 中，系统图标是简单、现代和友好的，力争用最简单的形式表达意义，并用鲜明形象的动效来增强其意义。

特别要强调的是鲜明、形象、有意义是一个整体，只不过我为了方便大家理解，单独选取了一些组件的典型特征来分别阐释。作为顶层的设计理念，鲜明、形象和有意义贯穿于每一个设计组件和设计系统中。

3. 动效表意

动效表意，简单来讲就是每一个动效都必须提供价值和意义。那动效能提供哪些价值和意义呢？MD 给出了 4 个答案。

1）用户引导

操作前，动效可以吸引用户的注意，并帮助用户理解如何执行操作。如右图所示，箭头向上滑动的光晕和页面的上滑动效，都在暗示用户可以上滑页面以解锁。

动效：用户引导

2）反馈状态

操作时，动效可以提供有效的反馈，明确告知用户系统是否接受到用户的输入。如左图所示，点击键盘时的数字点击态和振动反馈，都在向用户传达键入成功的状态。

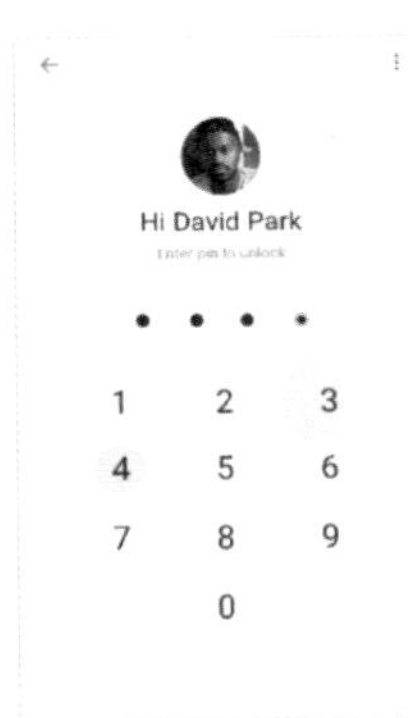

动效：反馈状态

3）表达页面信息层级

页面的转场动效，可以帮助用户理解页面之间的层级关系，如下图所示。

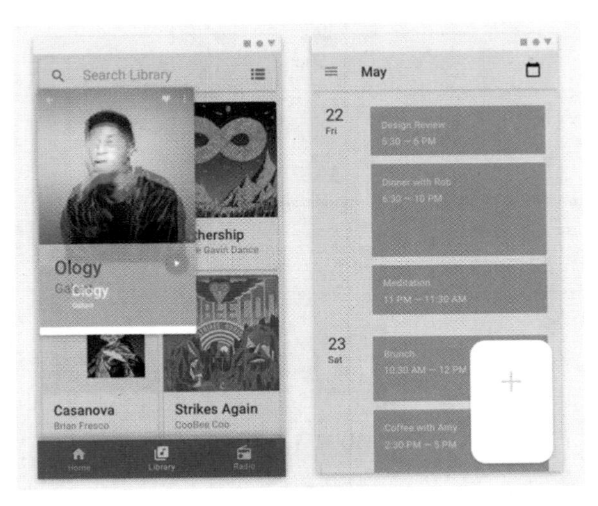

动效：表达页面信息层级

列表页卡片展开为新的页面，可以表达父子页面的关系；点击“添加”按钮展开新页面，可以让按钮和新页面关联起来。

4）表达品牌

动效可以表达品牌的个性和风格。在具体设计中，我们可以根据品牌风格，自定义过渡效果、图标、插画以及 logo 动效，让品牌感受更加鲜明形象，比如 vivo 手机的动效设计理念是丝滑轻盈，除了流畅外，还要模拟真实世界的惯性和摩擦力，所以用户会在 vivo 手机中感受到滑动的惯性和回弹效果，这都是与其理念设计相匹配的。

2.6.2 设计组件

MD 的规范特别全面且细致，每一个组件都包含用法、设计原则、元素拆解、交互方式、最佳案例等，特别适合初学者学习。

下图是官网中所有组件的目录，一共 30 个，有些是 MD 独有的，比如分割线、Chips、Snackbars、卡片等，大家可以先简单浏览一下。

Components	组件
App bars: bottom	底部应用栏
App bars: top	顶部应用栏
Backdrop	背景幕布
Banners	横幅
Bottom navigation	底部导航
Buttons	按钮
Buttons: floating action button	浮动操作按钮
Cards	卡片
Checkboxes	复选框
Chips	Chips
Data tables	数据表
Date pickers	日期选择器
Dialogs	对话框
Dividers	分割线
Image lists	图像集合
Lists	列表
Menus	菜单
Navigation drawer	导航抽屉
Navigation rail	导航轨
Progress indicators	进度指示器
Radio buttons	单选按钮
Sheets: bottom	底部工作表
Sheets: side	侧边工作表
Sliders	滑块
Snackbars	提示栏
Switches	开关
Tabs	选项卡
Text fields	文本字段
Time pickers	时间选择器
Tooltips	工具提示

MD 组件一览表

按照我对组件的理解，把这 30 个组件进行了分类，分别是栏、控件和视图，如下图所示。

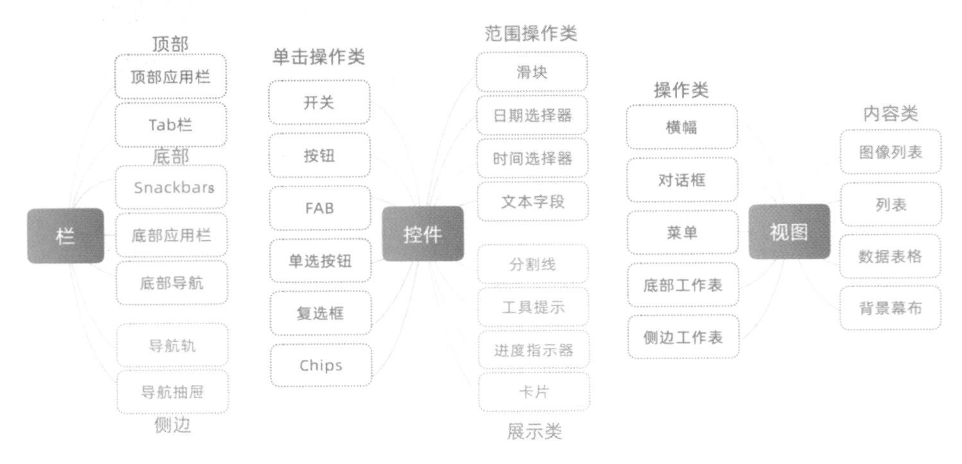

MD 组件分类

1. 栏

MD 的栏有 7 种，我按照位置关系将其进行了细分，如下图所示。

MD 的 7 种栏

1）顶部应用栏

顶部应用栏显示与当前视图相关的信息和操作。它有两种类型：一种是常规顶部应用栏，另一种是上下文操作栏，如下图所示。

顶部应用栏

常规顶部应用栏最左侧是导航按钮，其后是标题，最右侧是操作按钮。操作按钮最多显示 3 个，超出 3 个的收纳在“更多”按钮里。

当标题比较长时，MD 建议使用显著标题栏，让标题单独显示且可以折行，不过国内这样处理的应用很少。

当页面进入模态操作时，顶部应用栏可以变成上下文操作栏，此时，导航按钮变为关闭按钮。为了让用户注意到应用栏的变化，背景色通常会改变。

2）Tab 栏

MD 的 Tab 栏位于顶部应用栏下方，用于平级内容之间导航。Tab 栏有两种形式：固定 Tab 栏和滚动 Tab 栏，如下图所示。

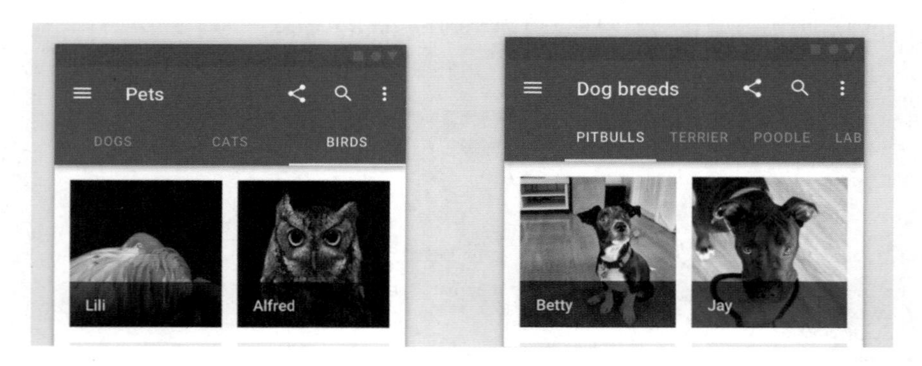

Tab 栏

固定 Tab 栏中选项的数量是 2 ～ 4 个（不建议超过 4 个），它们均分 Tab 栏宽度，每个选项宽度相同。

滚动 Tab 栏的数量不确定，一般大于或等于 4 个，可拓展。当一组选项卡无法在屏幕上全部显示时，可以使用滚动 Tab 栏，每个 Tab 的宽度由其文本标签的长度决定。

Tab 栏的标签名要显示完整，且不能折行。每一个选项的图文形式要一致，默认要有选中状态，选中状态要明显区别于非选中状态，用户可以通过点击选项或左右滑动内容来切换 Tab 选项。选项卡可以循环，滑到最后一项后继续滑动可以回到第一项。

3）Snackbars

Snackbars 用于通知用户应用程序已经执行或将要执行的动作，暂时出现在屏幕底部，会在 4 ～ 10s 内自动消失。Snackbars 是 MD 特有的组件，现在很多 App 在 iOS 平台也在使用。Snackbars 是由“容器 + 文案 + 操作（可选）”构成的，如下图所示。

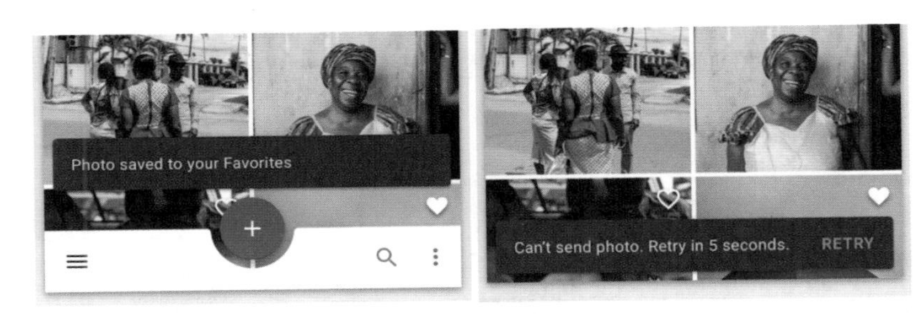

Snackbars

容器是完全不透明的，以保证文案的可读性；在移动设备上，文案最多显示两行；为了与文案区分开，操作文字是彩色的。

Snackbars 一次只显示一个，一行高度是 48dp，两行高度是 64dp，如果有 FAB 按钮或底部应用栏，它出现在 FAB 按钮 / 底部应用栏上方。

4）底部应用栏

底部应用栏提供对底部导航抽屉和最多 4 个操作的访问，包括浮动操作按钮。MD 中介绍了 4 种底部应用栏样式，如下图所示。

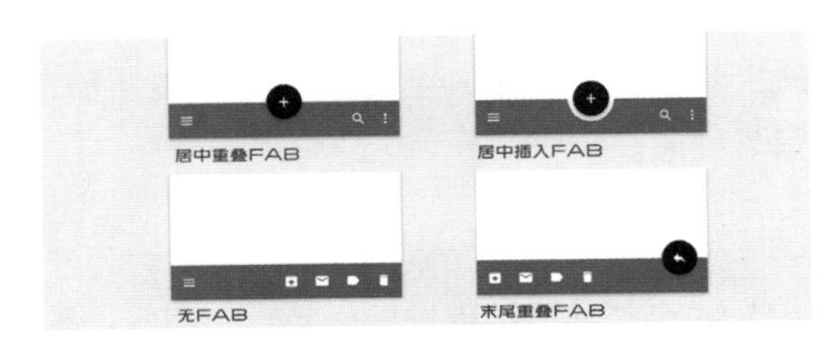

底部应用栏的几种样式

（1）有居中重叠 FAB 的底部应用栏：左侧是导航按钮，右侧是上下文操作，中间是叠在应用栏 Z 轴上方的 FAB 按钮。

（2）有居中插入 FAB 的底部应用栏：左侧是导航按钮，右侧是上下文操作，中间是插入应用栏 Z 轴上方的 FAB 按钮。

（3）无 FAB，左侧是导航按钮，右侧是上下文操作按钮的底部应用栏。

（4）左侧是上下文操作按钮，右侧是 FAB 的底部应用栏。

因为 iOS 没有底部应用栏，而多数应用在 iOS 和 Android 上的设计是基本相同的，所以我们很少在应用中看到底部应用栏。大家可以根据自家产品操作的属性和个数慎重选择。

5）底部导航 / 导航轨 / 导航抽屉

底部导航、导航轨和导航抽屉，是一组在不同大小的屏幕上可以互相转换的导航组件，如下图所示。

底部导航、导航轨和导航抽屉

底部导航仅在移动设备和小型平板电脑界面上使用，在大屏幕上，需将底部导航换成导航轨或导航抽屉。MD 中建议：在 360 ～ 599dp 手机等小型设备显示底部导航；600 ～ 1239dp 平板电脑等中型设备显示导航轨；1240+dp 的设备上显示导航抽屉。

2. 控件

MD 中的控件有 14 个，我按照单击操作类、范围操作类、展示类将其分为了 3 大组，如下图所示。

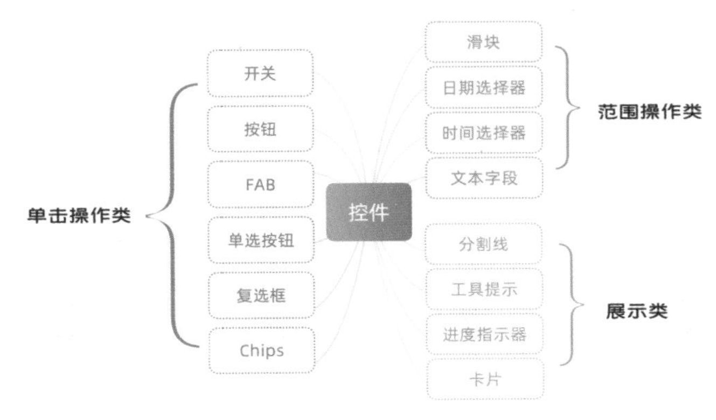

MD 的控件分类

我挑选其中几个比较常用且有特色的控件跟大家进行介绍。

1）按钮

按钮是各平台最基础的控件之一，MD 3 中总结了 8 种按钮样式，分类比较细致，大家可以仔细学习一下，如下图所示。

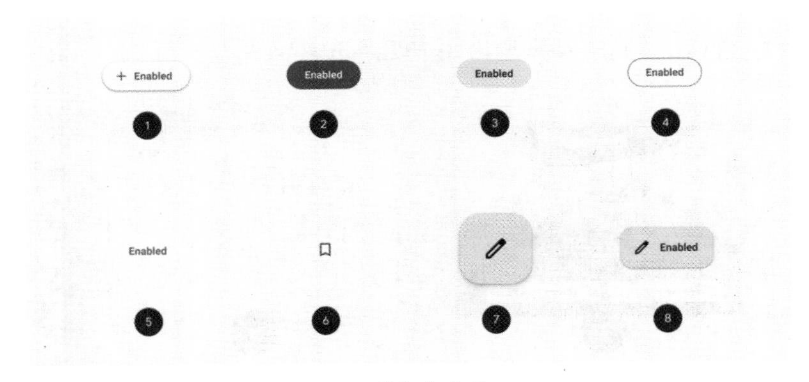

MD 按钮的类型

从功能优先级来讲：浮动操作按钮⑦和扩展浮动操作按钮⑧的优先级是最高的，海拔也最高，它在页面滑动时会一直呈现，适用于当前界面，是全局产品最核心的功能。其他按钮的视觉层次依次是填充按钮①②＞填充色调按钮③＞线性按钮④＞文本按钮⑤＞图标按钮⑥，大家可以根据页面上操作按钮的优先级，选择合适的按钮样式进行组合设计。

2） Chips

Chips 是 MD 的特有控件（很多文章将其翻译为纸片，我们在工作中有时会以标签来指代），它允许用户输入信息、进行选择、筛选内容以及触发操作，是一组动态显示的多个交互元素，MD 中 Chips 的默认圆角是 8dp，如下图所示。

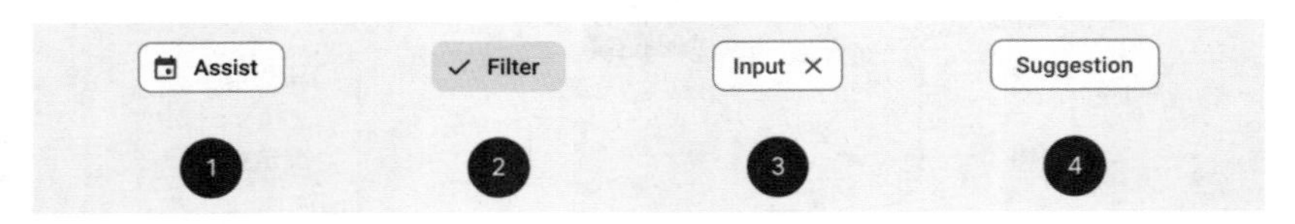

MD 按钮的 Chips（1）

相信很多小伙伴第一眼看到 Chips 都会有些困惑，因为它看起来很像线性按钮或者填充色调按钮，那为什么要单独命名成一个组件呢？

在 MD 中，特意强调了这个问题：Chips 不是按钮。它们的共同点是：Chips 和按钮都提供了视觉隐喻（外观相似性），以提示用户采取行动、做出选择。它们的不同点在于：Chips 是成组同时出现的，可以有 1 ～ N 个，而一组按钮不应超过 3 个。

MD 中的 Chips 有 4 种类型，如下图所示。

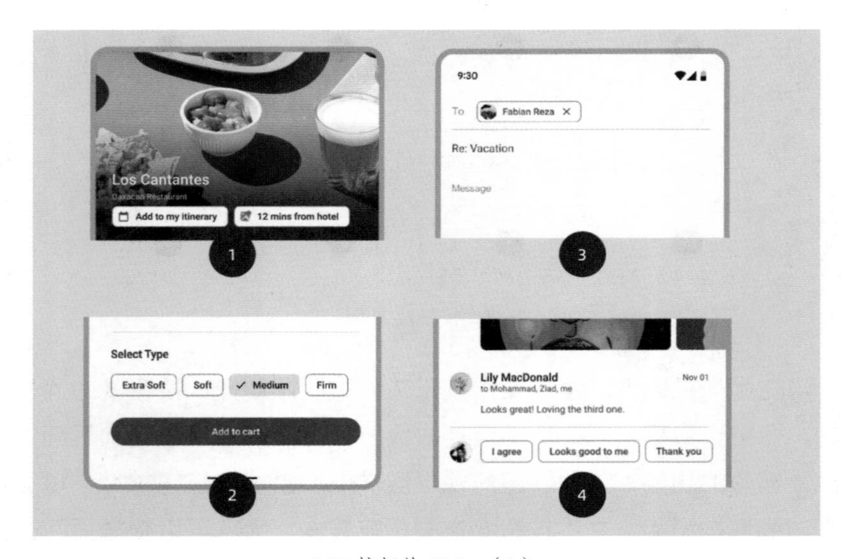

MD 按钮的 Chips（2）

（1）帮助型纸片。

它可以跨越多个应用程序，在满足上下文情境的情况下，动态地出现。比如手机桌面上锁屏时出现的一些重要消息，或者是应用内的一些重要时间支持添加到日历、卡包或在地图上查看。

（2）筛选型纸片。

筛选型纸片依靠标签或描述词来筛选内容，它们可以很好地替代切换按钮或者多选框控件。

（3）输入型纸片。

输入型纸片允许用户进行输入并且将文本转化为一个视觉整体，方便用户进行查看验证，用户可以通过删除键将其整体删除，或点击它进行再编辑。

（4）建议型纸片。

建议型纸片通过呈现动态生成的建议，比如搜索筛选条件，来帮助精确用户的意图。

通过 MD 对 Chips 的讲解，我们确实可以感受到 Chips 不是按钮，大家可以根据场景选择是否使用 Chips，而且不一定用 MD 中的标准样式，这样反而可以在视觉上将 Chips 和按钮区分开。

3）时间选择器

时间选择器可以帮助用户选择和设置时间。MD 的时间选择器和 iOS 不同，它的设置过程和最终显示效果是一致的，更符合“所见即所得”设计原则。以前 iOS 的日期、时间、地址等都是通过 picker 这个组件来完成的，但在 iOS 16 中也引入了类似的时间设置组件，大家可以体验一下。

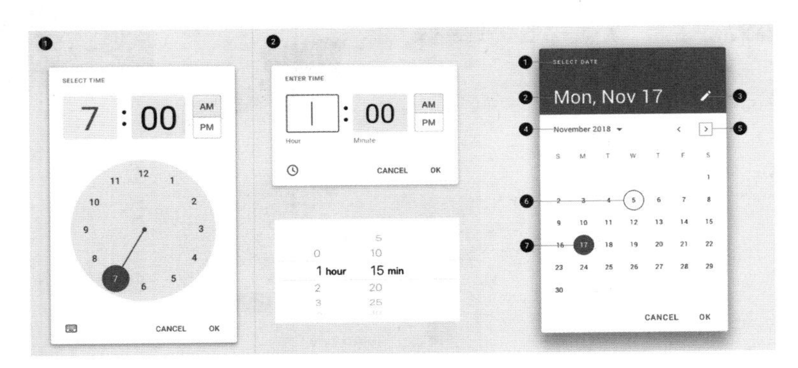

MD 的时间选择器

用户可以通过点击或滑动表盘上的数字来设置时间（上图左），相比起 iOS 的 picker 确实更加直观和高效，有原生 Android 系统的小伙伴可以体验感受一下。

4）文本字段

文本输入框是各平台最基础的控件之一，MD 中把文本字段做了非常详细的元素拆解，如下图所示。

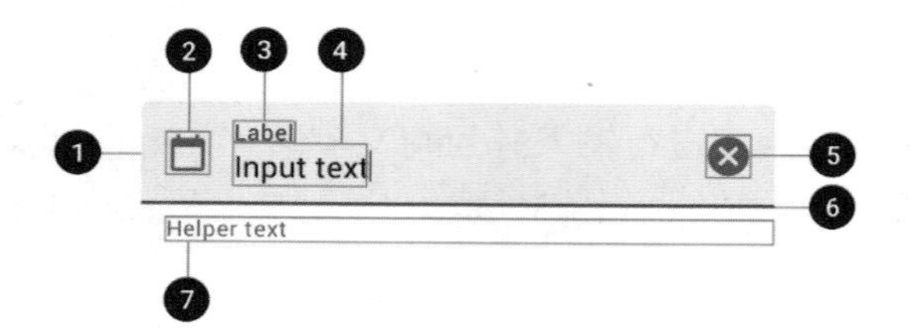

MD 中的文本字段

里面非常详细地讲解了哪些元素是必要的，哪些元素是非必要的，它们在交互时应该如何出现，出现的位置在哪里，作用是什么，显示的规则是什么。而且 MD 提供了可操作的组件让大家使用，观察其操作前后的变化，如果大家有文本字段设计上的疑问，不妨仔细学习一下。

5）分割线

分割线是对页面内容进行分组的细线。MD 把分割线分成了四类：通栏分割线、内嵌分割线、居中分割线和带子标题分割线，如下图所示。

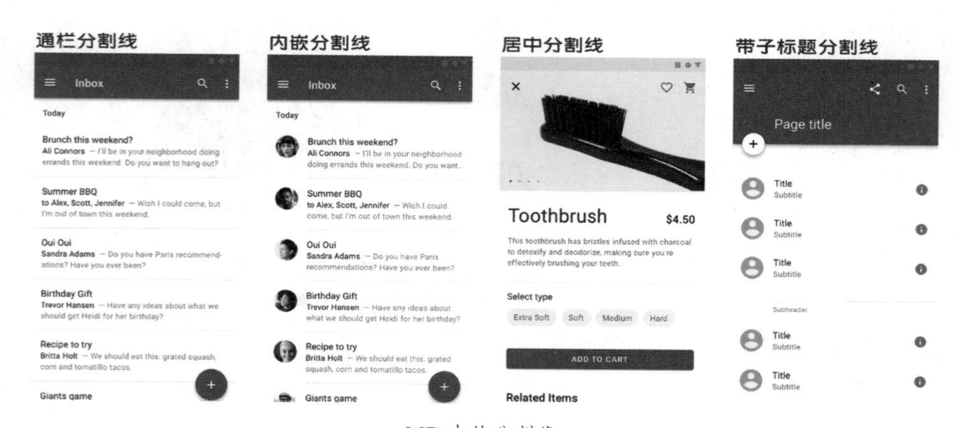

MD 中的分割线

作为最基础的控件元素，每个设计师都需要掌握分割线的使用场景：

通栏分割线分隔的内容一般都是彼此独立的；

内嵌分割线左侧一般都有图标或图片；

居中分割线上下的内容通常是有关联且并列的一组内容；

带子标题分割线则是作为分组的分割线，在小组内容的最上方呈现。

当然除了线性分割，还有留白分割和卡片分割都是比较常见的，大家可以综合场景来选择最合适的分割方式，这里有一张我曾经对各种分割方式特点的总结，大家可以参考一下。

大类	子类	视觉干扰性	分割强弱感	滑动沉浸感	适用的上下文关系	适用的信息复杂度	屏幕效率
留白分割		无	弱	强	独立/关联的都适用	低/中	信息层次少则高 信息层次多则低
线性分割	通栏分割线	中	中	中	独立的	中/高	高
	内嵌分割线	中	中	中	都是用，但要有锚点	低/中	高
	居中分割线	中	中	中	关联的	低/中	高
卡片分割	通栏卡片	高	强	弱	独立的	中/高	低
	非通栏卡片	高	强	弱	独立的	中/高	垂直卡片列表低 左右滑动列表搞

笔者对分割方式的总结

6）卡片

卡片用于承载单个主题相关的内容和操作，作为 MD 材料的代表，生命力极强，就连 iOS 自带的很多 App 后来也采用了卡片式的设计。

卡片作为一个容器，可以很好地收纳相对复杂的信息和操作，如下页图所示。

MD 中的卡片有以下特点：

（1）卡片容器是卡片中唯一必要的元素，其他元素都是可选的。

（2）卡片可以有显性的边界，也可以没有。

（3）卡片不可以翻转。

（4）卡片的默认高度是 1dp，拖动高度是 8dp。

（5）不建议在卡片内滚动，避免出现两个滚动条。

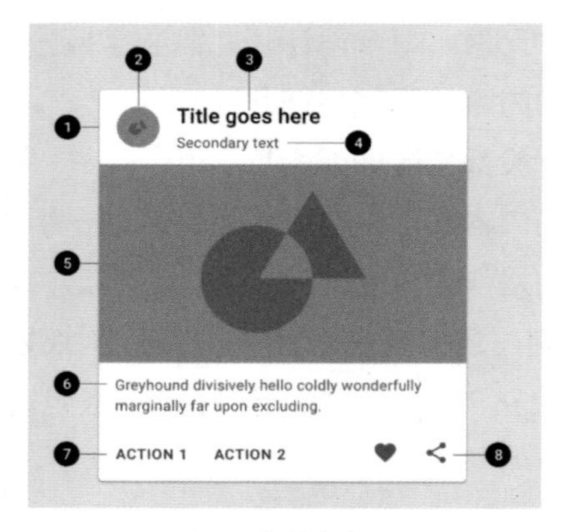

MD 中的卡片

大家可以根据内容的类型和多少，决定载体形式是卡片还是列表。

3. 视图

MD 中的视图组件相对 iOS 要少一些，我将其简单分为了操作类和内容类，如下图所示。

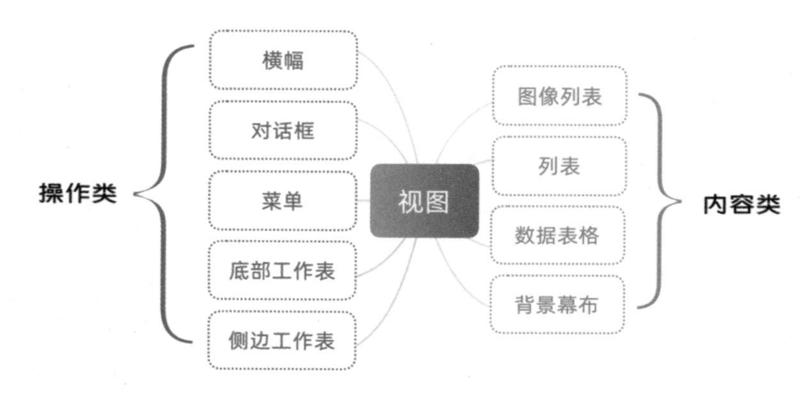

MD 中的视图组件

多数和 iOS 的视图是类似的，大家可以自行学习，这里我选择两个与 iOS 有显著差异的进行介绍。

1）横幅

横幅用于显示重要、简洁的消息，并为用户提供处理（或关闭横幅）的操作，它需要用户主动操作后才会消失，如下图所示。

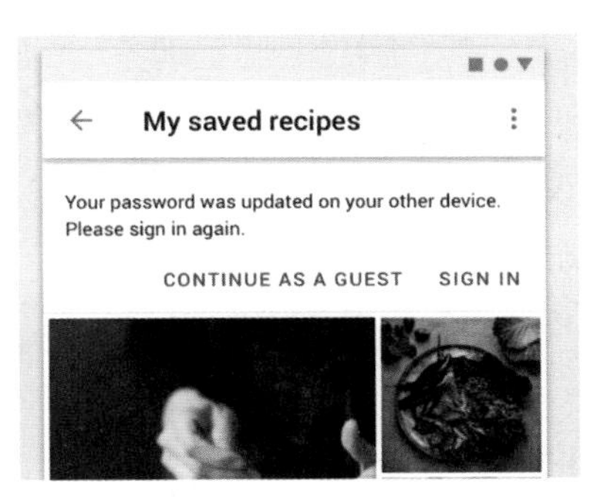

视图：横幅

作为 MD 的一个特殊组件，它在产品设计中并不普遍，很多产品会有顶部提示，但用的不是横幅，因为横幅比较占空间。

以下是横幅的使用规则：

（1）横幅应显示在屏幕顶部，顶部应用栏下方，它是持久的和非模态的，允许用户在任何时候忽略它们或与它们交互。

（2）横幅容器是矩形的通栏，一次只能显示一个横幅。

（3）横幅最多可以包含两个文本按钮，次要动作放在左边，核心动作放在右边。

2）背景幕布

背景幕布出现在应用程序中所有其他内容的后面，在它之上显示上下文和可操作的内容，如下图所示。

视图：背景幕布

之所以把背景幕布单独提出来讲是因为它的结构：它是由两个面构成的，下层的面显示操作和上下文，可以控制和通知上层的面呈现不同的内容。比如在下层的面上显示导航，点击后在上层呈现不同的导航内容。或者在下层显示筛选器，点击后过滤筛选上层的内容。下层的面海拔为 0dp，它的颜色填充整个背景，MD 不建议使用下拉手势来显示后层的内容。但现实情况是：很多产品若是选择这种结构，会增加明确的视觉暗示，让用户可以通过下拉来呈现下层的内容，以减少用户的操作成本。

2.6.3 材料基础

我们先浏览一下 MD 材料基础中有哪些内容，如下图所示。

Material Foundation 材料基础

Foundation overview	基础概述	Iconography	图标
Environment	环境	Shape	形状
Layout	布局	Motion	动效
Navigation	导航	Interaction	交互
Color	色彩	Communication	沟通
Typography	布局	Machine learning	机器学习
Sound	声音		

Confirmation & acknowledgement	确认和告知
Data formats	数据格式
Data visualization	数据可视化
Empty states	空状态
Help & feedback	帮助和反馈
Imagery	图像
Launch screen	启动画面
Onboarding	新功能引导
Offline states	离线状态
Writing	写作

MD 材料基础内容一览表（绿框中的内容是沟通的子项）

我按照对材料基础的理解，把它们概括成了 3 大类：视觉类、不常用和交互必学。

视觉类是视觉设计师重点要学习的内容，我这里只做概述：

色彩模块包括主色、辅色、拓展色、错误色、动态色构成的色彩系统，设计师可以通过色彩的选择和组合，构建产品的风格和品牌。

排版主要是文字排版，包括文字字体、字号、字重、间距、网格、基线等，通过排版清晰地展示内容的层次及品牌形象。

图标包括平台对产品图标的大小、网格、关键线、形状的建议，并提供了系统常见的操作、文件和目录图标作为参考。MD 将图标拆解成：笔画、笔画终端、内拐角、外拐角、负空间、边界区域，辅助设计师完成统一风格的图标绘制，实现产品品牌、服务和工具的视觉化表达。

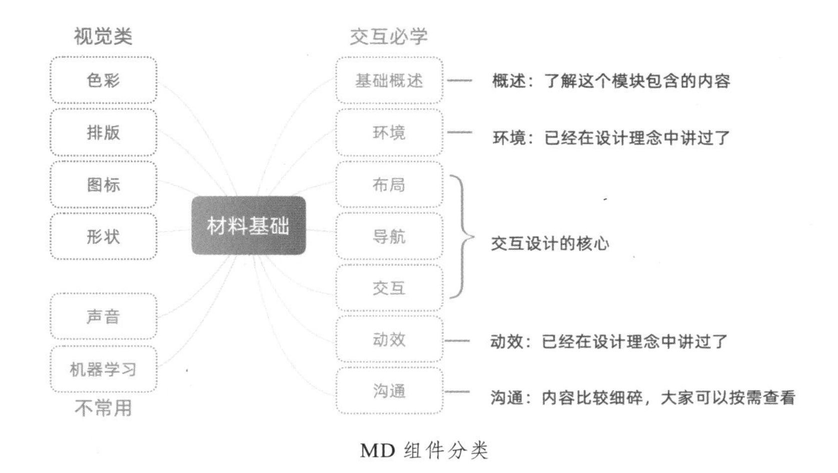

MD 组件分类

形状可以表达特定的目的和含义，MD 提供了各种组件自定义形状的建议，通过对组件容器、面、动效元素等形状一致性的规划和设计，可以塑造产品特色、表达产品品牌，并帮助用户识别组件、传达状态。

声音和机器学习在基础交互设计上使用较少，我们先行略过。

交互必学类模块，是所有的交互设计师都需要认真阅读和学习的。因为内容实在太多，所以我只能从中挑选 3 个核心模块：布局、导航和交互来介绍，其他的还需要大家自行学习。

1. 布局

MD 的布局使用统一的组件和间距来保持跨平台、环境和屏幕尺寸的一致性。我把布局模块的核心知识要点精练成下图，左边是关于整体版面的设计，右边是单个组件 / 元素的设计。

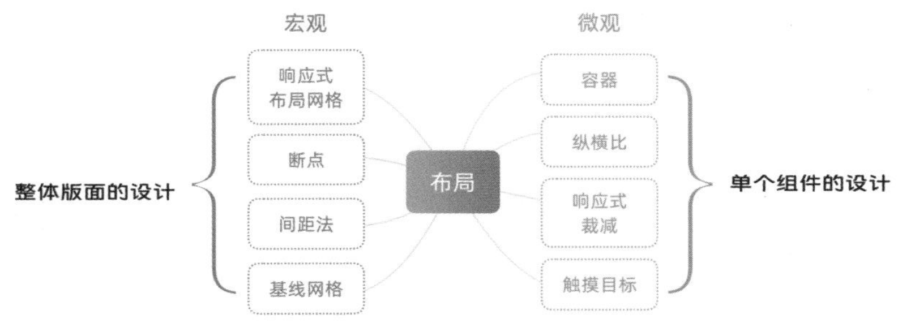

布局中的知识要点

1）响应式布局网格

所谓响应式布局网格，是指当屏幕大小和方向变化时，网格及网格元素布局可以保持相对一致。响应式布局网格有3元素：列、水槽和边距，如下图所示。

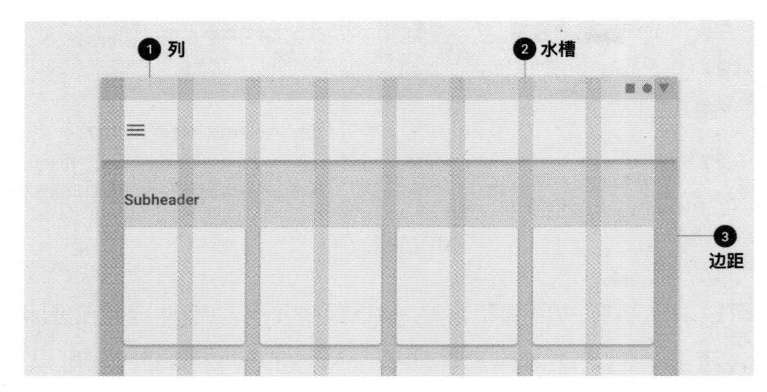

响应式布局网格3元素

列：用于存放内容，一个屏幕可以划分为单列或多列，列宽是用屏幕的百分比定义的，而不是固定值。

水槽：列之间的间距，在断点范围内，水槽宽度是固定的，断点改变，水槽的宽度可以改变。屏幕越宽，水槽越宽。

边距：内容与屏幕左右边缘之间的距离。边距宽度用每个断点范围的固定值或缩放值定义。

2）断点

断点是在特定布局要求下的屏幕尺寸阈值。MD提供了基于4列、8列和12列网格的响应式布局，可用于不同的屏幕、设备和方向。每个断点范围内有确定的列数，以及每种显示尺寸的推荐边距和间距，如下页图所示。

3）基线网格

基线网格是版式设计的基础，它的作用是精确创建和编辑对象，为版面的编排提供一种视觉参考和构架基准。在基线网格的布局中，移动设备、平板电脑和台式计算机中所有的组件都与8dp方形的基线网格对齐，如下页图所示。

Screen size	Margin	Body	Layout columns
Extra-small (phone)			
0-599dp	16dp	Scaling	4
Small (tablet)			
600-904	32dp	Scaling	8
905-1239	Scaling	840dp	12
Medium (laptop)			
1240-1439	200dp	Scaling	12
Large (desktop)			
1440+	Scaling	1040	12

断点

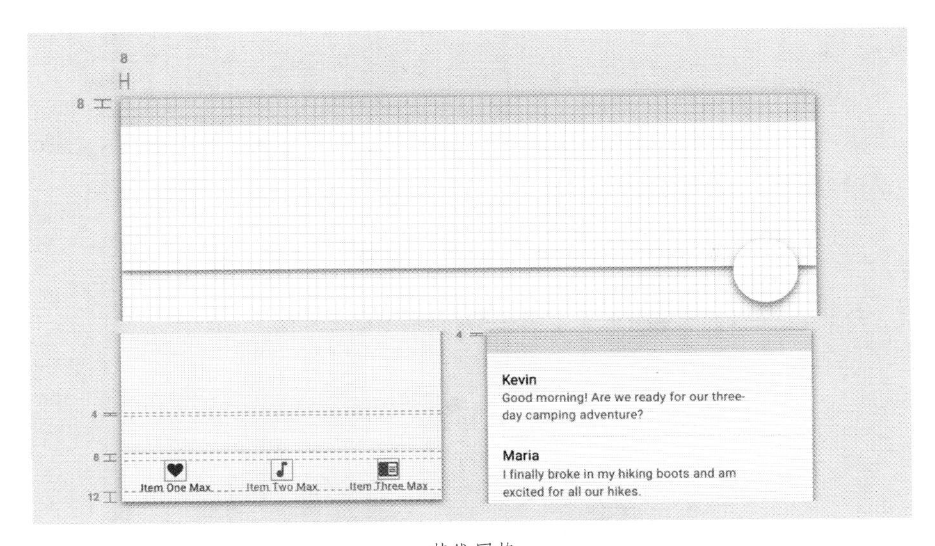

基线网格

组件中的图标、文字和某些元素可以与 4dp 网格对齐。文字可以与 4dp 基线对齐，也可以在组件中居中，放置在 4dp 之外。

4）间距法

间距法是一组关于如何在页面和组件中放置元素的规则，它用基线网格、关键线、填充和增量间距来调整比率、容器和触摸目标，如下图所示。

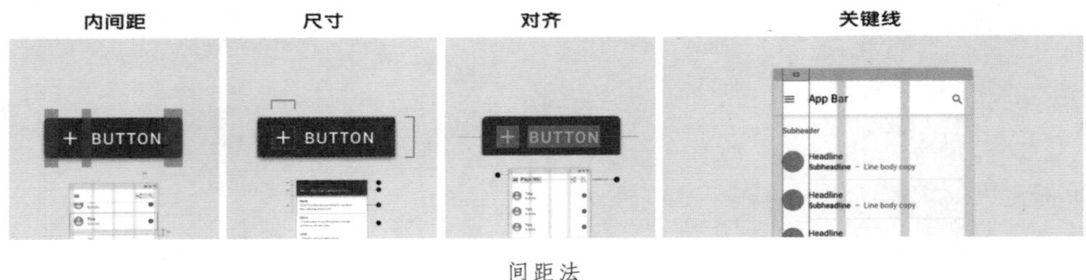

间距法

内间距（Padding）：组件内元素之间的距离，以 8dp 或 4dp 为增量进行测量。

尺寸（Dimensions）：组件元素的宽度和高度，它们应与 8dp 网格对齐。

对齐（Alignment）：组件内元素的放置方式。

关键线（Keylines）：一种对齐工具，垂直线，显示元素与网格对齐时的放置位置。关键线由每个元素与屏幕边缘的距离决定，并以 8dp 为增量进行测量。

5）容器

容器是一个封闭区域的形状，可以用来存放 UI 元素，例如图像、图标或面，如下图所示。

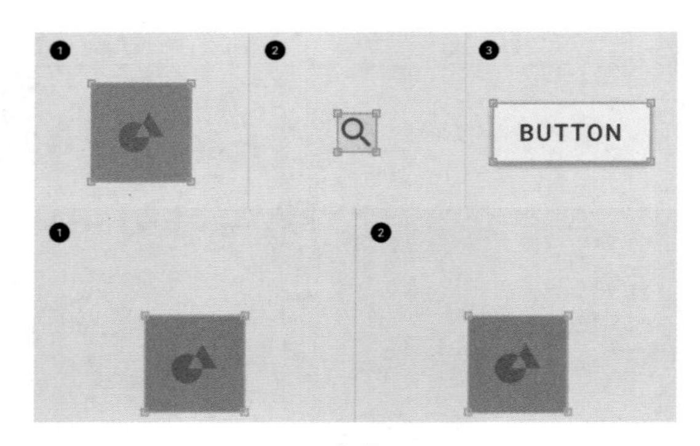

容器

容器可以分为两类：刚性容器和灵活容器。刚性容器尺寸固定，不随图像大小变化而变化，图像超出容器会被裁减。灵活容器尺寸可变，容器随图像大小变化而变化，始终保持图像在容器内。

6）纵横比

纵横比是元素的宽度与高度的比例。纵横比 = 宽度 : 高度。

建议在整个 UI 中使用以下纵横比：16 : 9、3 : 2、4 : 3、1 : 1、3 : 4、2 : 3，如下图所示。

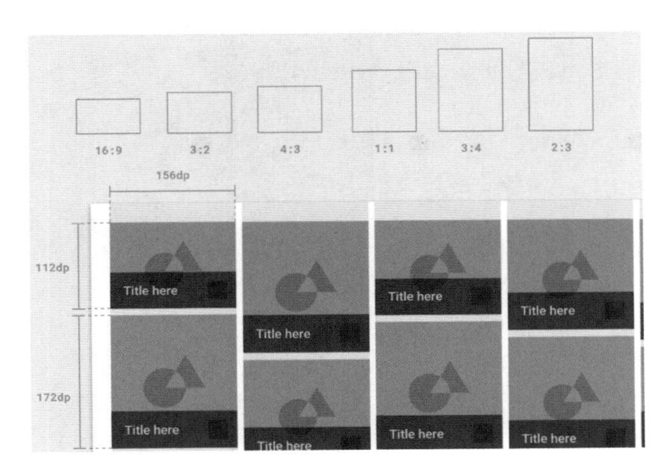

纵横比

这些比例的图形可以带给用户更佳的视觉感受。同时在一个产品内，设计师在图像、面等元素上建议使用一致的纵横比，以便让产品的视觉感受更统一。

7）响应式裁减

响应式裁减定义在不同的断点范围内裁剪图像的规则，以响应式地显示图像。响应式裁减有 3 种裁减方式，如下图所示。

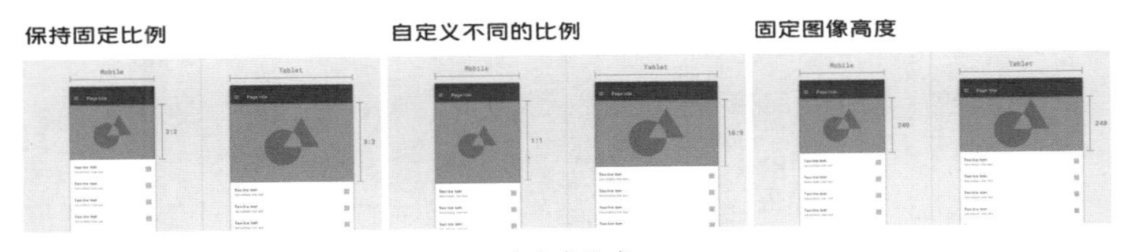

响应式裁减

（1）保持固定比例；

（2）自定义不同的比例；

（3）固定图像高度。

在设计时，大家可以根据图片的素材特征、显示目的和内容重要性进行选择。

8）触摸目标

为了平衡信息密度和可用性，MD 规定触摸目标至少为 48dp × 48dp，目标之间至少有 8dp 的空间，如下图所示。

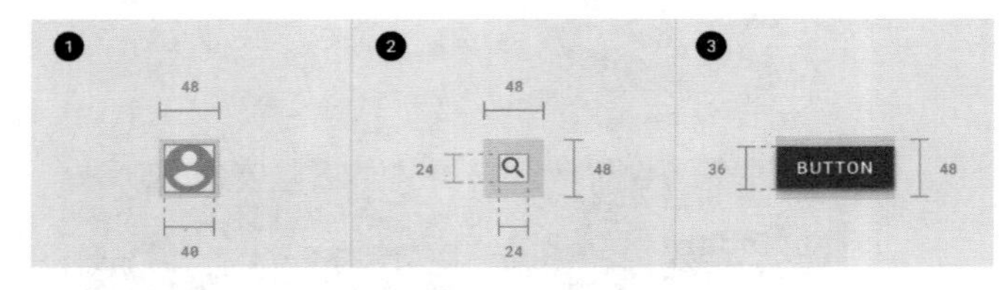

触摸目标大小

2. 导航

导航让用户能够在应用程序中移动以完成任务，好的导航设计是让用户感受不到的导航。关于导航，我们主要介绍导航的类型、转换方式和搜索。

1）导航类型

MD 将导航分为 3 种类型，如下图所示。

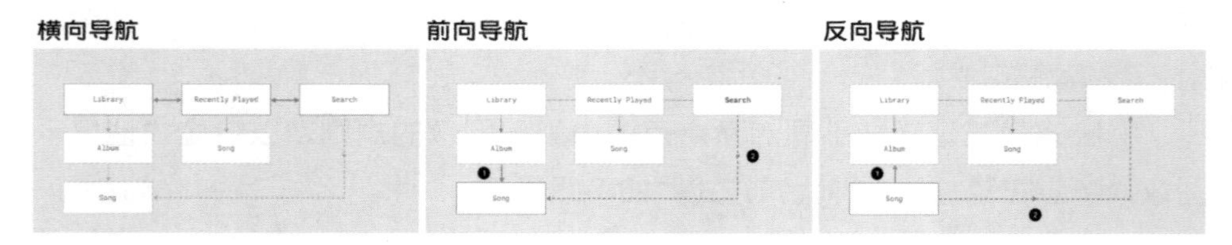

导航的 3 种类型

横向导航：指引用户在同一层次的页面之间移动，它可以通过导航抽屉、底部导航和 Tab 栏实现。

前向导航：让用户在递进的层次结构、流程中的步骤或跨应用程序的屏幕之间移动，通过操作容器、按钮、链接或搜索进行转换。

反向导航：按时间顺序或任务流程向后移动，通常由操作系统或平台提供。反向时间导航让用户在最近的界面中反向移动；向上导航让用户直接快速移动到上一层级，直到到达应用主页。

2）导航转换

当用户使用导航时会发生导航转换，并呈现转换动效以帮助用户更好地理解转换页面之间的关系。应用程序的导航转换有 3 种类型，如下图所示。

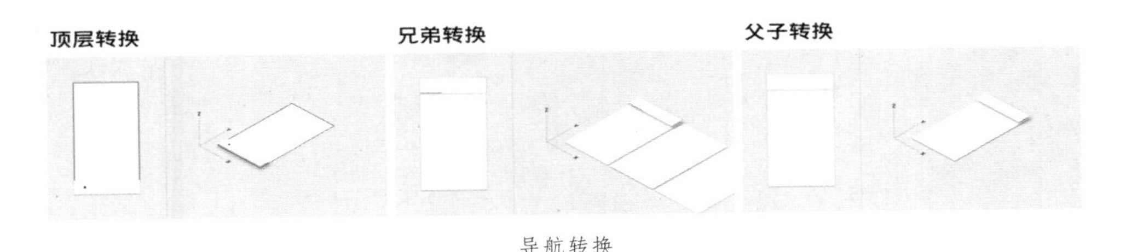

导航转换

底部导航栏切换建议采用顶层转换，用淡入淡出模式过渡。多数 App 并未采纳此转换，而是采用的 iOS 硬切的形式，无任何转换动效。

顶部 Tab 栏转换建议采用兄弟转换，平行移动的方式过渡。

前向导航和反向导航建议采用父子转换，比如点击放大 / 缩小，向右 / 向左覆盖的方式过渡。

3）搜索

搜索允许用户在搜索框中输入关键字，一键直达相关结果。在 App 中有两种常见的搜索形态：置顶搜索和可拓展搜索。

当搜索是应用程序的高频功能时，使用置顶搜索；当搜索不是应用程序的高频功能时，使用可拓展搜索，如下图所示。

置顶搜索和可拓展搜索

置顶搜索框显示区域大，框内可以展示搜索提示，视觉上更醒目，操作上更容易点击，但置顶搜索和可拓展搜索入口点击后的操作反馈基本上是一致的。点击后都会进入搜索输入页，可以在搜索框下方显示历史记录。用户可以键入关键字或点击联想内容提交搜索。搜索结果显示在搜索栏下方，如下图所示。

搜索流程的几个状态

3. 交互

交互这个模块主要讲两点：手势和状态。

1）手势

手势让用户可以通过触摸与屏幕元素进行直接交互，它不要求特别精准的操作，而且允许用户通过触摸直接修改 UI 元素。当我们设计手势交互时，依然要遵守互动设计三原则：

操作前有预期，让用户可以通过惯用手势进行操作，或者增加手势引导，让用户学习新手势。

操作时有反馈，且反馈在 0.14s 内，以增强用户对触摸对象的控制感。

操作后有惯性，通常手势停止了，被操作的对象还需要惯性变化，以符合物理世界的运动规律。

在 App 中，用户与产品的交互主要依靠手势来完成。我们可以把手势分为 3 大类：导航手势、动作手势和变换手势。

导航手势：包括轻敲、滚动、平移、拖、滑动、捏，让用户在整个产品中移动。

动作手势：包括轻敲、长按、滑动，用户通过手势让行动开始发生。

变换手势：包括双击、捏、复合手势、拿起并移动。让用户可以改变元素大小、位置和方向。

2）状态

互联网产品中组件的状态包括：默认（启用）态、禁用态、悬停态、焦点态、按下态、拖动态、选中态、激活态、开启态、关闭态和错误状态，如下图所示。

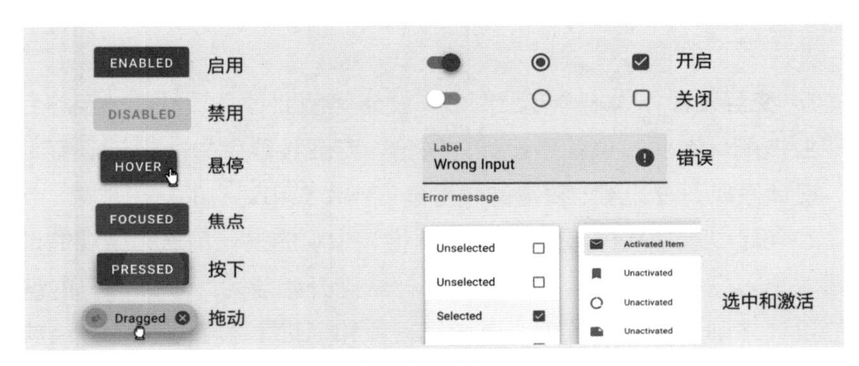

常见的各种状态

作为交互设计师，在设计任何一个可交互的组件时，都需要考虑其多种状态的设计，不能遗漏，这是对交互设计的基本要求。

状态设计有三大原则：

一致性：同一组件的不同状态要有一致性，让大家能始终认知它们是同一组件，只是状态发生了变化。

差异性：同一组件的不同状态要有明显的视觉区分，让用户能感知到它发生了变化。

共存性：同一组件触发多种状态时，多种状态要同时显示并区分展示，如选择和悬停。

我们可以通过以下几种方式来表达交互组件的状态变化：

（1）叠加层；

（2）海拔变化；

（3）颜色状态变化；

（4）显示额外的图标（如选中图标）；

（5）显示辅助信息（如错误提示）。

MD 规范涵盖的内容既广泛又细致，因为书籍篇幅有限，所以未能完全展开，强烈建议所有设计师反复查阅和学习，加深对规范的理解，并在理解规范本质的前提下进行设计创新，推动规范迭代。

2.7 本章小结

（1）交互设计作为一个专业岗位，要求其从业者必须具备一定的专业知识和专业技能。专业知识就是设计方法论，专业技能就是从设计洞察、设计执行、设计呈现到设计落地复盘的一整套工作模式和对应的产出成果。

（2）设计方法论包含宏观的设计思维、中观的设计策略和微观的设计法则。建议想入门的设计师，从微观的设计法则开始学习，按照自己的理解对所有的设计法则进行归类整理，以增强理解和记忆，然后学习各种经典的设计模型，帮助自己建立中观的思考框架，利用前人的智慧，相对系统和高效的解决常见的设计问题，最后再尝试在整个产品设计中贯穿设计思维，探索创新方向或创新方案，构建完整的设计方法论体系。

（3）按照交互设计目标：少快好省，整理出来的交互设计五大定律，包括奥卡姆剃刀原理、米勒定律、多尔蒂门槛、雅各布定律、省省省原则，初入职场的交互设计师可以先行学习和践行。

（4）格式塔原理是界面布局的最基础法则，它是根据人类大脑的视知觉倾向归纳得来，具有普适性，包括简单原则、接近法则、形似原则、连续原则、闭合原则、主体与背景、共同命运。格式塔原理能够解释我们日常的很多视知觉现象，我们在界面设计时，需要顺应并利用这些规律才能做出合理且优秀的设计。

（5）福格行为模型是交互设计的底层模型，要想影响和改变用户的行为，提升产品转化率，可以尝试将行为的三要素提示、能力和动机拆解出来，看看阻碍用户行为的核心要素是什么，然后有针对性地去增加提示、提升能力、增强动机，从而促进用户行为的转化。

（6）交互设计，离不开对用户场景的挖掘和还原。我们需要先通过用户研究的方法去还原用户场景的六要素：用户、时间、地点、提示、需求、行为，然后再针对用户、时间、地点、需求去设计产品的提示和交互行为，以便让用户通过更自然、便捷的行为方式达成目标。

（7）MD的设计规范，包括设计理念、设计组件、材料基础三大块。设计理念包括材料是隐喻、鲜明形象有意义、动效表意。设计组件包括栏、控件、视图3大类30个小类。材料基础中包含多个交互设计师必学的模块，比如布局、导航、交互手势和状态等。MD设计规范从宏观理念到微观组件，描述全面且细致，案例丰富，图文并茂，还可以手动调试界面呈现效果，堪称保姆级设计规范，推荐所有设计师反复查阅和学习。

03 第 3 章 设计分析与洞察

交互设计是相对理性的设计，每一个设计点都要求有理有据，这就要求交互设计师一定要重视设计方案的推导过程，要做严谨的设计分析与洞察，推导设计机会点，确保自己在做正确的事情，然后再利用前面所学的设计方法论制定设计目标与策略，确保自己把事情做正确。

在设计分析阶段，我们可以把要做的工作和应该输出的成果，用“五看两定”模型来概括，如下图所示。

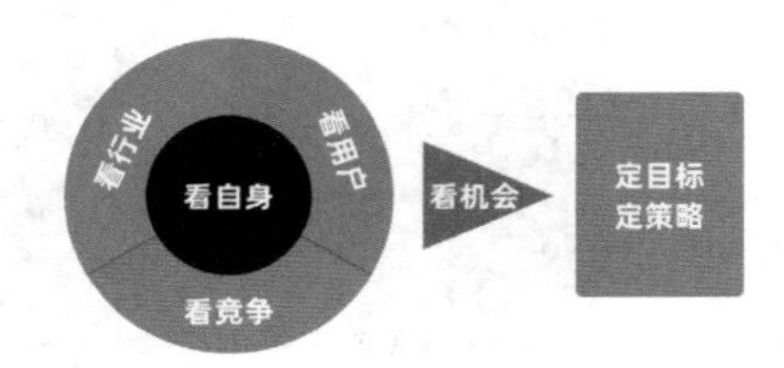

“五看两定”模型

首先要了解行业设计现状和趋势，搞清楚用户的核心需求，再对比竞争对手的设计策略，结合自身的资源和优势，去挖掘设计的机会点，并制定相应的目标和策略。

3.1 建立行业图谱

做任何产品，首先要回答以下两个问题：

（1）用户需求：用户通过我们的产品能得到什么？

（2）业务目标：我们希望通过产品得到什么？

这是做产品最核心的两个问题。要回答这两个问题，不能闭门造车，必须要放眼整个行业，去了解一下整个行业的发展历程，用户规模，目前的行业的发展阶段，市场增速，竞争格局，发展趋势，再结合自身企业的资源、确定企业的竞争优势，进而确定产品定位。

对于一个企业而言，进行行业分析有以下两个常见的应用场景：

（1）不在行业内，通过行业分析决定是否进入；

（2）已在行业内，通过行业分析决定未来战略方向变化（坚持、调整或退出）。

不同的应用场景，关注点是不一样的。

第一种场景：核心关注市场规模、增速、前景；业内玩家的经营情况、利润率；行业的集中度、竞争壁垒、发展历程，对比自身资源，判断进入的风险和收益。

第二种场景：核心关注行业整体是否发生结构性变化（通过 PEST 和波特五力等方法），以此预判行业的发展趋势，结合业务现况和资源，给出未来战略调整建议。

术业有专攻，在公司内，通常战略部和产品部会承担行业分析的职责，作为设计师，我们可以本着拿来主义的思想，持续关注、收集并整理公司内外的行业报告、市场动态，逐步建立行业图谱，为后续的设计方向和决策提供依据。

3.1.1　行业信息收集

行业信息有 3 类：宏观信息、中观信息和微观信息，不同类型的信息获取渠道也不同。

宏观信息指政策类、经济类信息，可以从互联网百科类产品、政府相关机构，以及行业门户网站上进行获取。

名词解释

百度百科、百度知道、MBA智库百科、维基百科

政府相关机构

统计局：统计年鉴、各行业数据
商务部：信息大杂烩、食品土畜、纺织服装、轻工工艺等
发改委：经济形势分析、价格监测
海关总署：进出口统计数据
国研网：各行业研究、报告
中国宏观信息网：专家的宏观判断
中国价格信息网：价格信息、市场动态
中国经济信息网：国民经济、区域发展状况
中国资讯行：热点行业数据库
中经专网：综合信息数据
中国投资指南：国内外投资资讯

其他机构

Wind资讯：宏观经济百图
各大券商、投行资讯
门户网站：新浪、搜狐、腾讯、凤凰、FT中文网、和讯、36Kr等
行业协会官网：行业统计资料
行业网站：如中国医药信息网

宏观信息的获取渠道

中观信息指关于企业类、竞品类信息，可以从企业的官网、年报、各平台官方账号、权威门户类网站中进行获取。

中观信息

公司官方网站：企业基本信息、历年的发展历程、每年大事件、规模程度、企业定位、未来发展等
公司年报、招股说明书、券商和投行的公司分析：上市公司
期刊网：经营、管理情况
视频、音频网站：企业宣传片、广告、活动介绍、产品品测等
内部完整文件
门户网站
权威行业杂志网站
书籍
品牌营销领域网站
其他权威网站主要搜集评价这个公司的热文、信息
如：中国企业家、环球企业家、哈飞商业评论、销售与市场、竞技观察网、21世纪经济报道、新营销、中国营销传播网、世界品牌实验室、畅享网、管理资源网

中观信息的获取渠道

微观信息指用户数据类信息，可以通过各大咨询类 / 数据类公司报告、搜索引擎、企业官方账号、调研等方式获取。

微观信息

尼尔森
CTR
IBM商业价值研究院
中国报告打听
中商情报网
易观智库
艾瑞咨询
案例研究员
企鹅智库
互联网数据中心-199IT（推荐从这里获取行业报告）
搜索引擎：百度、谷歌、必应等

其他机构

用户资料：通过百度指数等指数网站、已公布的行业报告
QQ群/微信群、调研访谈等方式获取

产品案例资料通过产品分析文章（简书、人人都是产品经理）
产品评测文章或视频、自己体验分享等方式获取

微观信息的获取渠道

进行行业信息收集时，我们可以直接用搜索引擎或者报告合集网站，如艾媒网、易观智库、199IT、移动观象台、行行查、发现报告等，搜索 ×× 行业报告，把能搜索到的资料先收集到一起，注明信息来源，方便之后确认信息准度和效度。

如果通过上述方式没有找到如麦肯锡、波士顿、贝恩、埃森哲、尼尔森、艾瑞咨询等专业咨询机构输出的行业报告，可以尝试拆分搜索 ×× 行业宏观环境、市场规模、产业链、竞争格局、商业模式、用户偏好等关键词，去专业门户网站和官网寻找特定的细分信息。

3.1.2 行业信息整理

把前面各种渠道收集到的信息汇总到一起后，就可以进行行业信息整理啦。如果其中有知名咨询公司的研报，可以直接按照它们的报告框架去更新最新的数据和信息。如果没有，那大家可以按照这个基础框架：行业介绍、行业发展阶段、市场现状、产业链结构、行业竞争态势、商业模式、用户规模等，去整理提炼信息，如果发现信息不充分，就继续用搜索引擎查找补充，建立行业图谱的过程是行业信息的收集和整理循环往复的过程。

按照行业报告框架填充内容时，经常会发现不同渠道的信息互相矛盾，这就需要我们根据信息发布渠道、时间、信息采样方式，信息衰减周期，综合判定信息的准度和效度，筛选更具权威性、时效性的内容。

下面可以给大家简单看一下 2020 年我们在了解短视频行业时，所整理的部分行业报告内容，如下图所示。

短视频一般是在互联网新媒体上传播的时长在5分钟以内的视频，其由于创作门槛低、碎片化消费、社交属性强等特点，成为互联网行业最为重要的流量窗口。经过五六年的高速发展，**目前短视频已经形成了“两超多强”的稳定市场格局**，抖音、快手（及极速版）位于头部第一梯队有绝对领先优势，抖音火山版、西瓜、微视等产品位于第二梯队，入局变得越来越难。

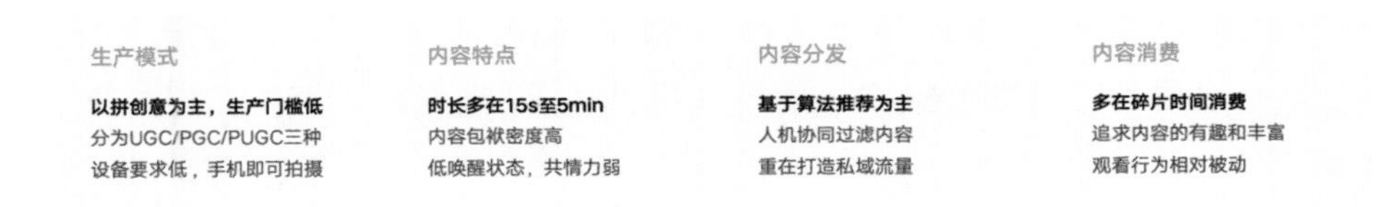

案例—短视频行业定义及简介

我们先明确了行业里关于短视频的定义，并梳理了短视频的竞争格局和产业链各环节的核心特征。然后又对短视频的发展历程进行了详细的梳理，如下图所示。

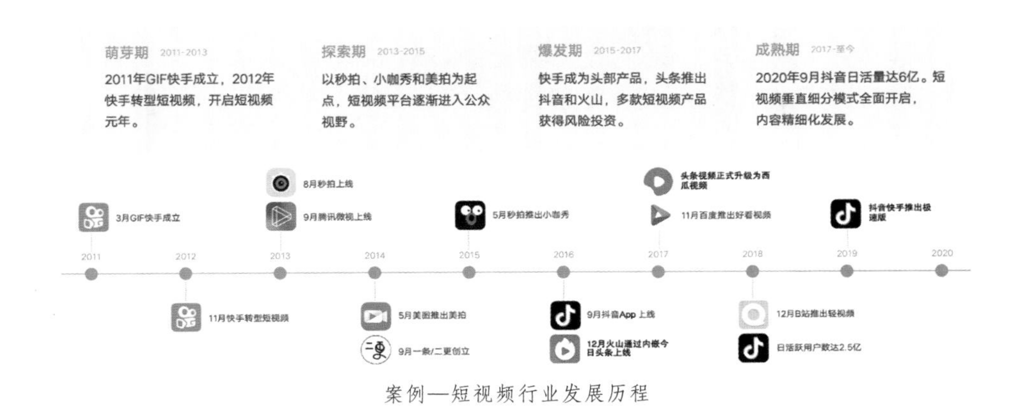

案例—短视频行业发展历程

然后尝试从宏观环境角度，对短视频行业的发展做了一些归因。

作为网络视频形式中的一种，短视频的发展和视频行业发展轨迹相似，受到政策、经济、社会、技术等各种外部各种因素的影响。网络通信速度的提升、资费水平的降低、移动设备性能的提升为短视频的兴起提供了客观可能，网络经济的快速发展催生了各种短视频平台的诞生，大众对碎片化内容消费的需求使得内容的创作和消费呈现井喷之势，而政策监管则助力短视频行业健康长远发展。

政策 行业监管以及产业政策助力健康快速发展

2018年初，短视频领域迎来监管风暴，快手、火山等产品下架整改，“内涵段子”App被永久关停。之后《互联网视听节目服务管理规定》等一系列政策的出台，逐步引导短视频行业健康良性发展。

经济 短视频与直播电商深度融合，成为新的经济形态

网络经济规模增长放缓，但在短视频和直播等新兴行业的带动下，从2019年开始，内容板块开始的营收占比逐渐上升。目前短视频已经和直播电商、新闻资讯等行业深度融合，并逐渐渗透至实体经济，成为了一种新的经济形态。

社会 网民规模持续增长，短视频成为杀时间利器

2017年到2020年（6月），我国网民规模从7.5亿增长到9.4亿，互联网普及率达到67%。伴随着视频行业的快速发展，**短视频在网民中的渗透率达到了87%**[1]，已经成为用户在碎片时间放松心情、打发时间最重要的手机应用。

技术 通信技术革新为短视频行业带来客观发展机遇

从2014年至2020年，**4G移动数据流量平均资费从138元/GB降低至4.3元/GB**[2]，通信技术的提升为观看和上传高清视频提供了客观可能，带动了网络视频行业的兴起。5G作为新一代通信技术，将会进一步提升网络传输速度，为短视频带来全新体验。

[1]来源：CNNIC 第46次《中国互联网络发展状况统计报告》2020.06；[2] 来源：中国信息通信研究院《中国宽带资费水平报告》2020.08

案例—短视频行业发展归因

之后再对短视频行业的现状进行了梳理，包括市场规模、产业链分析、行业竞争格局、行业商业模式、用户动机 / 偏好 / 行为等，相关信息如下图所示。

短视频用户规模和使用时长增长均已明显放缓，但**2019年其市场规模仍同比增长178.8%**[1]，**远超整体网络市场预测增长率**。随着用户对短视频内容依赖度的加深以及短视频与直播电商的结合，未来短视频市场前景仍被看好。

用户规模

根据CNNIC第46次《中国互联网络发展状况统计报告》，截至2020年6月短视频用户规模达到8.17亿，渗透率达87%。

时长份额

根据极光发布的《2020年Q2移动互联网行业数据报告》，Q2短视频时长已经占据移动应用总时长份额的23.6%，首次超过即时通信。

市场规模

2019年短视频行业市场规模1302.4亿元，相比去年增长178.8%，预计2020年仍将保持高速增长，吸金能力依旧强大。

案例—短视频规模

短视频产业链结构

丰富多元的内容是吸引用户持续消费的基石，内容生产可分为UGC、PGC、PUGC三种模式，MCN是重要的内容生产和整合方。短视频内容通过抖音、快手等平台，以及内容分发及传统视频平台分发，并被普通用户消费。内容的消费带来流量的汇聚，进而为变现创造条件，商业变现刺激内容生产者生产更多内容，从而形成行业正向循环。

从短视频行业产业链可看出，**内容的消费和生产是形成正向循环的关键，因此本次桌面研究主要针对内容消费和内容生产两个方面。**

内容消费：通过分析增量市场机会、vivo渠道短视频用户消费行为，为vivo短视频发展提供可能的分析建议。

内容生产：通过分析内容生产模式和趋势的变化，为内容引入和分发提供分析建议。

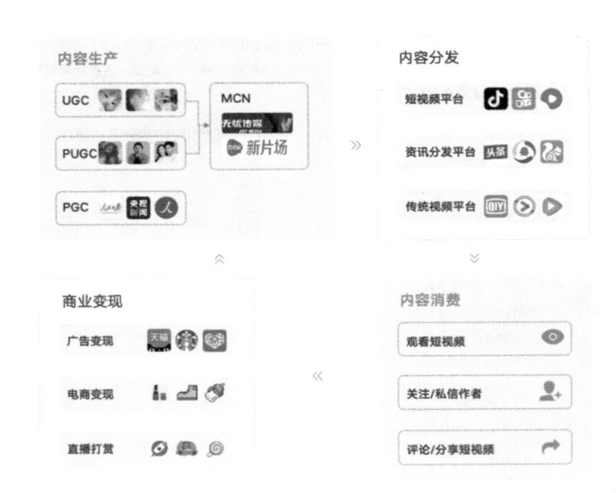

案例—短视频产业链

从短视频行业内部竞争格局看，根据《2020中国网络视听发展研究报告》，目前抖音和快手牢牢占据第一梯队。第二梯队和第三梯队竞争激烈，西瓜视频和好看视频占据横版赛道，而抖音快手极速版则依靠看视频得红包模式快速由第三梯队上升至第二梯队。在典型头部平台中，虽然**同样采用看视频赚红包模式，微视的7日留存率却远低于抖快极速版，表明采用网赚模式仍需以优质内容为前提。**

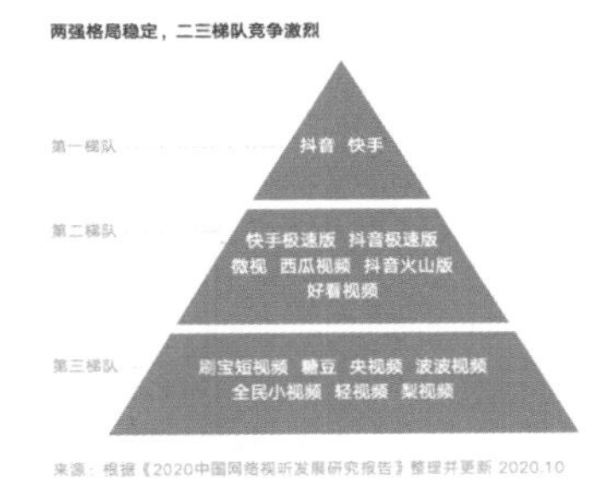

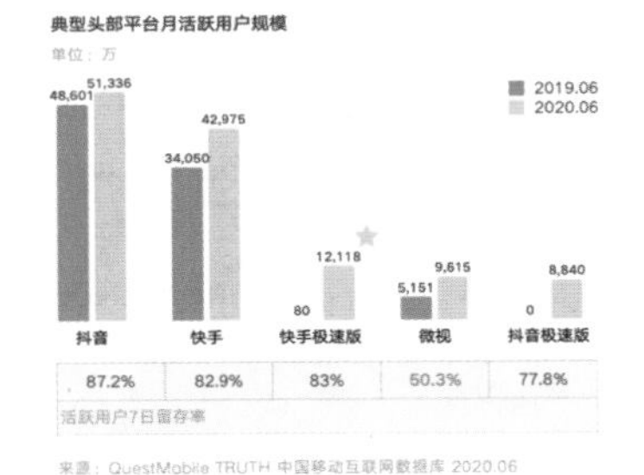

案例—短视频行业竞争格局

广告、付费、电商、分成四大商业盈利模式

目前已经形成广告变现、内容付费、电商导流、平台分成等4大商业模式

广告变现

短视频不同于长视频，播放时间很短，不适合做前后贴片广告和冠名，因此广告主主要依靠传统广告和原生化广告。

电商导流

短视频电商变现主要分为两类：一类是PUGC个人网红通过自身影响力，为自有网店导流；一类是PGC机构通过内容流量为自营电商平台导流。

内容付费

用户在内容付费上主要有三类方式：用户打赏、平台会员制付费、垂直内容付费

平台分成

按照视频的播放量给予内容创作者一定的分成补贴，各大视频平台策略不同。

案例—短视频商业模式

根据2020年《vivo短小视频机会人群分析报告》以及2019年发布的《短视频人群细分和定位研究》，过去的两年用户消费短视频的动机变化不大，仍然主要以休闲消遣、兴趣拓展为主，同时有一定的自我提升需求。值得一提的是，**受极速版短视频的影响，使用短视频中奖励驱动（领积分/红包/现金）因素从2019年4月的10%上涨至2020年的21%。**

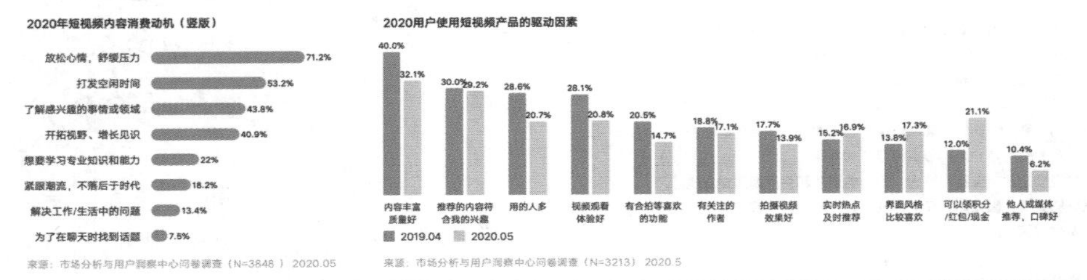

数据洞察：抖音快手极速版渗透率提升但原版渗透率变化不大，说明很多用户受网赚影响装了多个短视频App。从领红包/现金驱动因素的提升也佐证了这一点。这种模式是否能转化为持续消费内容的动力有待观察，但不失为产品投放初期快速捕获用户的有效方法。

无论是2020年《vivo短小视频机会人群分析报告》还是2019年的《短视频人群细分和定位研究》，用户对短视频内容的主要诉求仍然是有创意/有趣、丰富多样。内容类别上以搞笑、美食、生活方式、新闻资讯、文化科普等为主，值得注意的是竖版搞笑类内容的用户高达65.7%，这也与放松心情、舒缓压力这一核心动机相匹配。

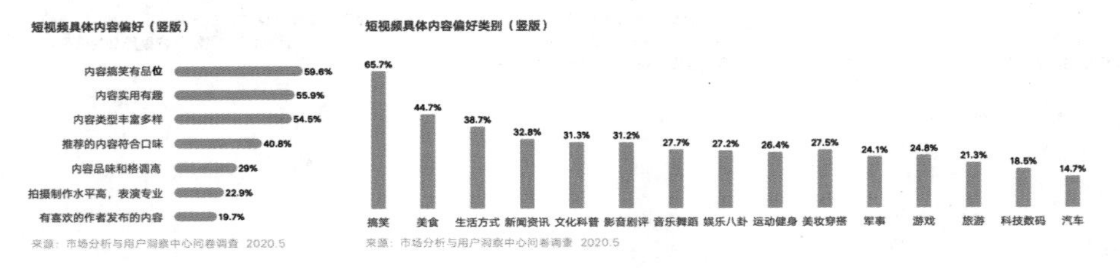

分析结论：“有趣”是vivo短视频用户对内容的第一诉求，因此在内容分发时，如何让用户发笑是挑选内容的重点。此外，用户对美食、生活类视频兴趣也较高。

短视频与电商、直播、营销等多领域的结合拓宽了用户使用场景，使得用户观看短视频的场景更加碎片化，根据《vivo短小视频机会人群分析报告》，选择任何空闲时间都看的用户从2019年的46.5%上升为2020年的60.4%，该趋势与《2020短视频用户价值研究报告》一致。随着短视频渗透至生活的方方面面，用户使用时长显著增加，根据CMS的研究报告，**过去一年用户日均观看短视频主体时长由10min至1h增至30min至 2h。**在用户喜欢的短视频长度中，69.1%的用户喜欢15s至3 min的短视频。

案例—短视频行业用户消费动机/偏好/行为

大家进行行业信息整理时，可以短视频为参考，把上述维度的信息都梳理出来，初步的行业图谱就算建立了。再往后是行业分析，会借助一些行业分析模型，如 PEST、波特五力等去分析行业走势，进行行业预测，并给出产品未来的方向和建议。这一步会更加专业，大家可以在交互基础扎实后再深耕，培养产品的“战略 + 商业”思维。

3.2　搞定用户研究

在需求分析阶段，设计师的工作职责是：代入用户视角，确认并提升需求的合理性。这是交互设计的起点，也是后期高质量交付的前提。

那么，设计师如何才能代入用户视角，具备用户思维呢？我总结了五种方式，如下图所示。

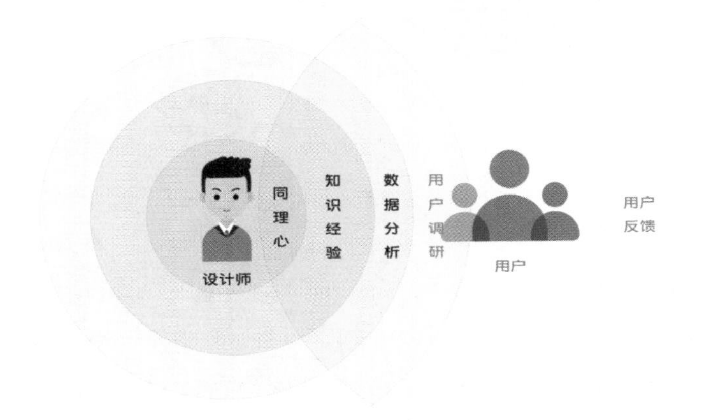

用户洞察的五种方式

（1）通过学习心理学、社会学、人机工程学、生物学、神经科学等知识，了解人的各种需求、生理倾向、社会情感等，建立起普适的同理心。

（2）通过过往工作总结，积累用户态度、行为相关的信息。

（3）通过数据分析，了解用户在当下产品中真实的行为表现。

（4）通过用户调研，了解用户需求、动机、场景、原因等。

（5）通过用户反馈，了解用户遇到的痛点问题。

除了用户主动反馈外，用户调研是设计师了解用户最直接也最有效的一种方式。

当我们和典型用户进行沟通交流后，能够帮助我们建立清晰的用户画像，还原用户真实的使用场景、行为和态度，有助于我们修正用户同理心，建立用户思维。

那么，作为设计师，如果没有调研团队的支持，我们该如何科学地开展用户调研呢？本节我将结合自身调研经验，为大家详细介绍问卷调查、用户访谈和可用性测试这 3 种互联网产品最常用的用户调研方法和流程。

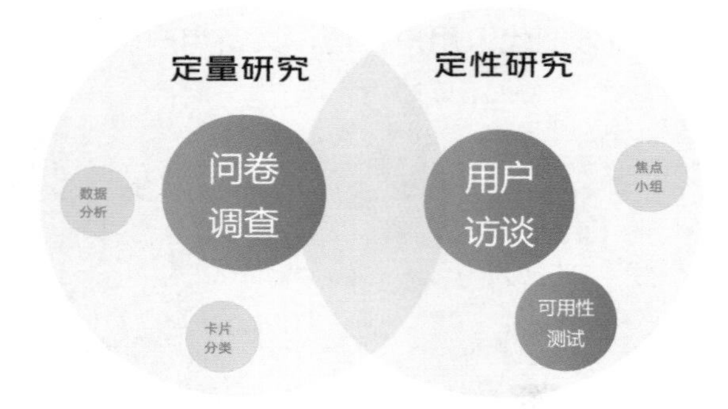

互联网最常用的 3 种调研方式

3.2.1 问卷调查

问卷调查，是指通过制定合理的问卷让用户回答，以收集用户信息的一种定量调研方法。它由一系列与研究目标相关的问题和选项构成。

作为设计师，我们该如何组织问卷调查呢？以下是我梳理的问卷调查流程以及每个环节的注意事项与设计原则，可以帮助大家设计一份合格的问卷，进而获得高置信度的问卷结论。

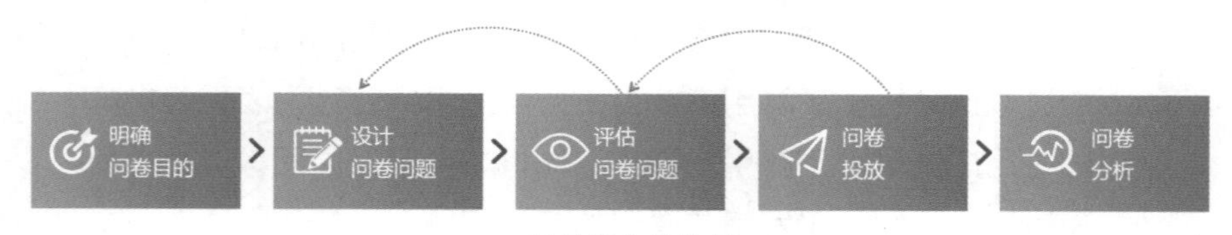

问卷调查的流程

1. 明确问卷目的

在做问卷调查前，首先要明确问卷调查的目的，到底要调查哪些用户，哪些功能，了解用户的哪些行为和态度。然后根据这些信息界定调研范围，拟订调研计划。

在明确调研目标时，有以下 3 点注意事项：

（1）主题，一次一个，避免“一石多鸟”的调查思路。

（2）范围，和项目成员一起敲定，确保问卷调研的覆盖度，避免遗漏。

（3）时间，要把问卷设计时间、评估时间、预测试时间都计划清楚，方便协作方按计划参与。

2. 设计问卷问题

问卷目标、范围和计划拟定好后，设计师就需要根据问卷目的，思考如何表达问题、设计选项，并安排合理的问题顺序。这是问卷设计的核心。一组好的问题，能如实地还原用户的场景和行为。我把问卷设计拆分成 4 步，如下图所示。

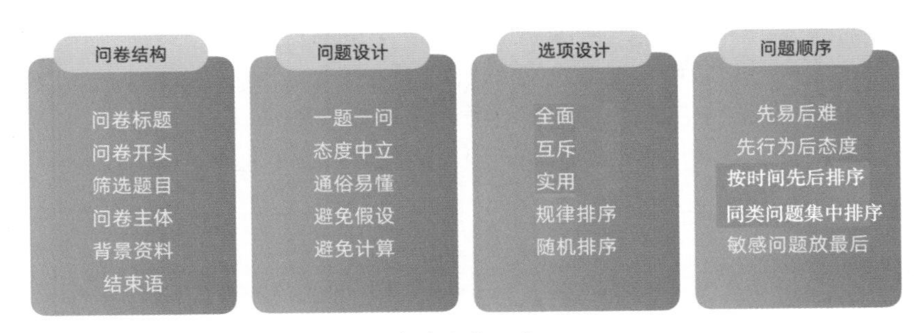

问卷设计 4 步

大家可以参照这 4 步，快速上手，设计出一份合格的问卷。

1）问卷结构

一份标准的问卷，通常由以下 6 部分构成：

问卷标题：对问卷调查内容的概括，要求简明扼要，能够引起用户的回答兴趣。

问卷开头：包括问候语、介绍说明、填写说明，是用户是否参与调研的决策性信息，所以描述上要简洁、清晰，凸显用户可能会获得的奖励和付出的成本。

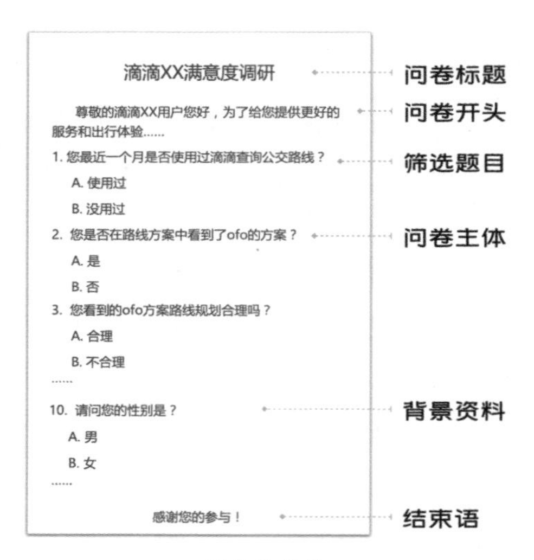

问卷的结构

筛选题目：对被调查者进行过滤、筛选，剔除不符合调查目的的人群，比如是否使用 × 功能，是否有 ×× 经验。

问卷主体（核心）：包括需要调查的全部内容，由问题和选项（备选答案）组成。

背景资料：被调查者的人口学特征，如性别、年龄、职业、文化程度、婚姻状况、经济收入等。

结束语：放在问卷最后，简短地表达对参与者的感谢。

对于问卷设计，问题设计、选项设计和问题顺序是核心，所以我将此 3 项单独提出来详细介绍。

2）问题设计

问题设计有 5 大原则，如下图所示。

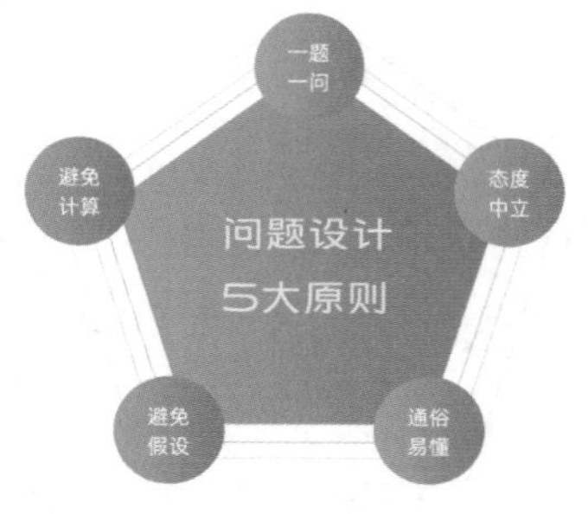

问题设计 5 大原则

原则 1：一题一问。

一次只问一个问题，如果发现问题中包含了多个变量，要注意拆分问题或者改变问题类型，如下图所示。

✗ 您是否使用过ofo或其他共享单车？

✓ 您使用过以下哪些共享单车？
A.没使用过任何共享单车　　B.ofo
C.mobike　　D. 其他共享单车________

一次只问一个问题

原则 2：态度中立。

问题描述中立，不能包含有明显情感倾向的词，比如喜欢、满意等，如下图所示。

✗ 您喜欢“到站提醒”这个功能吗？

✓ 您对“到站提醒”这个功能的满意度如何？
非常不满意　不太满意　一般　满意　非常满意

态度中立

原则 3：通俗易懂。

问题描述要通俗易懂且无歧义，避免使用专业术语，如果一定要用，请务必给出解释，如下图所示。

✗ 您通常使用什么交通工具出行？　　✗ 换乘查询

✓ 您上下班通勤使用什么交通工具？　　✓ 从A地点到B地点的出行路线查询

问题描述通俗易懂无歧义

原则 4：避免假设。

避免询问设想性问题，因为用户对于没有亲身经历的事物会缺乏想象力和判断力，回答不可信，如下图所示。

✗ 如果我们提供了“到站提醒”功能，您会用吗？

✓ 您用百度地图时，用过它提供的“到站提醒”功能吗？

不问设想性问题

原则 5：避免计算。

避免让用户推算或估算。计算的认知成本高，用户可能会放弃或随便作答，回答置信度低，如下图所示。

✕ 您每天使用浏览器看多少分钟的新闻？

✓ 您每天使用浏览器看新闻的时间是：
A：少于30分钟；　B：30分钟到1小时；
C：1~2小时；　D：2小时以上

避免让用户推算或估算

3）选项设计

选项设计我也归纳了 5 大设计原则，如下图所示。

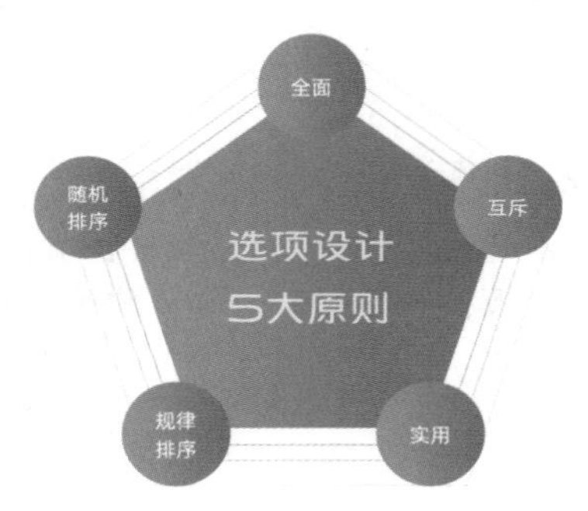

选项设计的 5 大原则

原则 1：全面。

选项要包含所有可能，不能让用户选不到符合自己条件的选项，如下图所示。

您的最高学历是
✕ 小学　初中　高中　专科/本科　硕士及以上
✓ 小学及以下　初中　高中　专科/本科　硕士及以上

您使用过哪些共享单车？
✕ ofo　mobike　bluegogo　永安行　小鸣单车
✓ ofo　mobike　bluegogo　永安行　小鸣单车　其他______

选项要包含所有可能性

原则 2：互斥。

单选项之间要互斥，避免用户困惑、不知道该选哪一个，如下图所示。

您经常看哪类新闻？

✗ 热点新闻　体育竞技　政治新闻　娱乐八卦

✓ 历史地理　体育竞技　政治新闻　娱乐八卦

单选项要互斥

原则 3：实用。

选项个数不要超过实际需要数。因为多余选项会增加用户答题成本，且可能让用户感觉隐私受到侵犯，如下图所示。

您目前的婚姻状态是

✗ 未婚　已婚　离婚　丧偶

✓ 单身　已婚

选项个数不要超过实际需要

原则 4：规律排序。

数字量级的选项要按照规律顺序排列，建议顺序递增，方便用户查找，如下图所示。

您使用滴滴公交的频率是

✗ 每周0~1次　每周2~3次　每周6~7次　每周4~5次　每周8次以上

✓ 每周0~1次　每周2~3次　每周4~5次　每周6~7次　每周8次以上

选项按规律排序

原则 5：随机排序。

多选项排序时要注意次序效应，采用随机排序，避免首位效应和接近效应，让头尾选项被过度选择。

4）问题顺序

正确的问题顺序能兼顾用户的认知和情绪，提高问卷回答的完整性和有效性，大家可以遵循以下原则进行问题排序。

问题顺序设计

原则 1：先易后难。

先问熟悉的问题，后问生疏的问题；

先问一般性问题，后问特殊性问题；

开放式问题尽量安排在问卷的后面。

原则 2：先行为后态度。

先问事实、行为方面的问题，然后再问观念、情感、态度方面的问题。

原则 3：按时间先后排序。

对具有时间逻辑联系的问题，要么正序要么倒序，不要远近交错、前后跳跃。

原则 4：同类问题集中排列。

相同性质或同类问题安排在一起，便于用户一鼓作气作答。

原则 5：敏感问题放最后。

敏感性问题放在问卷最后，越敏感越靠后，避免用户担心隐私过早放弃回答。

3. 评估问卷问题

完成问卷初稿后，还需要进行问卷评估。评估问卷是为了尽早发现问卷存在的问题，迭代修正。

评估问卷有 3 个环节：

（1）项目小组讨论；

（2）深度个人访谈；

（3）投放效果跟踪。

项目小组讨论环节，需要让运营、产品、设计、用研等问卷相关人员，对问卷内容及表达形式进行逐一探讨、修正，输出一致的问卷。

深度个人访谈环节，让用户采用发声思维法作答问卷问题，留意用户停顿和反复阅读的字句，并及时询问用户对问题的理解，看问题设计和用户理解是否存在分歧。

投放效果跟踪环节，需观察数据回收的结果是否符合预期，如果从回收数据中发现选项过分聚焦（多数用户选择同一个选项）或者没有符合用户需求的选项（用户只能选择其他），可以考虑拆分选项或补充用户选项，以提升问卷结果的准确度。

4. 问卷投放

问卷投放要考虑 3 个因素：投放人群、投放渠道和投放平台。

在进行问卷投放时，最好是提取用户特征做定向投放（只给特定行为或特征的用户发送问卷），以提升问卷回收的质量。

渠道选择：需要根据目标用户群特征，选择合理的投放渠道，以提高问卷的回收率和质量，以下是我们进行问卷投放时常用的渠道，你可以根据需求按需选择。

投放渠道	适用场景	优点	缺点
Push通知	可定向投放	成本低、速度快	无法触及关闭提醒的用户
产品内置稳定调研入口	非定向投放	位置好，回收快，可持续回收	用户量级少时回收量级小
产品内置临时触发入口	可定向投放	可定位到用户的具体行为	会对用户有一定打扰
公众号、官方微博	非定向投放	成本低，速度快	只能覆盖部分用户
短信平台	可定向投放	精准直达，速度快	有一些费用成本

问卷投放渠道

投放平台：根据问卷平台的数据保密性、使用体验、分析功能等，选择合适的投放平台，优先内部问卷平台，因为保密性好，其次是问卷星、腾讯问卷这些大的问卷平台。

5. 问卷分析

问卷分析包括数据计算、数据呈现和结论强调。对于分析工具，设计师用 Excel 足以。很多问卷平台对于基础数据，都会直观地给出数据结果，包括饼图、柱状图的效果呈现，如下图所示。

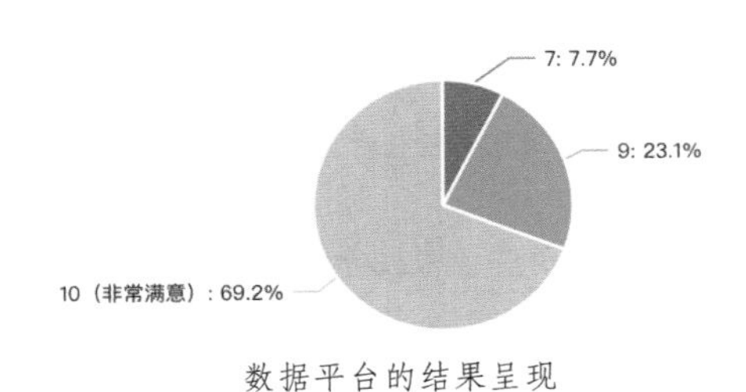

数据平台的结果呈现

所以大家可以直接看问卷平台的统计结果，非常直观高效。

如果大家要自己计算，Excel 就可以满足。问卷中常用的数据计算包括选项占比、满意度和 NPS 的计算方法，以下是它们的计算公式：

选项占比 = 某选项样本量 / 总样本量 ×100%

满意度 = 满意样本量 / 总样本量 ×100%

5 分制和 10 分制满意度调研，满意的样本量规则如下表所示。

	非常不满意		不满意	一般				满意	非常满意	
5分制	1		2	3				4	5	
10分制	1	2	3	4	5	6	7	8	9	10

满意度计算表格

NPS=(推荐者 – 贬损者)/ 总样本量 ×100%

NPS 通常采用 0 ～ 10 分推荐制，0 是非常不愿意推荐，10 是非常愿意推荐。通常 0 ～ 6 分是贬损者，7 ～ 8 分是中立者，9 ～ 10 分是推荐者。

自己计算后，记得依然要用合适的图表方式进行呈现，方便大家直观地获取信息。同时采用对比的方式强调问卷中的主要结论，让大家能高效获取调研结果。排版和呈现是设计师的强项，这里不再赘述。

最后，再总结一下问卷设计的流程和每个流程中的关键注意事项，如下图所示。

问卷调查流程及注意事项小结

大家可以参照这个流程及要点，组织一次相对严谨科学的问卷调查。

3.2.2　用户访谈

用户访谈是研究人员为了特定目的准备的一系列结构化问题，通过面对面询问获取用户回答的一种定性调研方式。广泛用于了解用户特征、想法，挖掘用户场景，探究用户行为背后的原因等。

我们按照用户访谈的流程来介绍如何筹备一场相对专业的用户访谈，如下图所示。

用户访谈的流程

1. 明确访谈目的

不管设计师作为调研需求的发起方还是承接方，都需要在调研之前和项目团队成员确认调研的背景和目标，达成共识。

以《vivo 浏览器流失原因调研》为例，通过需求沟通，我们明确其背景和目标如下：

行业背景：浏览器赛道受短小视频赛道影响持续萎缩。

业务背景：先前流失原因集中在性能和广告上，已进行优化，需了解优化后用户的实际感知，刷新用户流失原因。

目标：

（1）了解流失用户规模及趋势；

（2）了解流失用户画像，挖掘具体流失原因，为下一步产品体验优化、召回策略等提供参考信息。

访谈条件：

我们选择了最近 3 个月浏览器使用频率降低一半以上的用户，然后按照大盘的手机类型、性别、年龄、职业等罗列出本次期望调研的用户条件，如下图所示。

访谈用户特征筛选

确定了想要访谈的用户特征，我们就通过甄别问卷来筛选符合条件且有意愿参与访谈的用户，如下图所示。

vivo 浏览器流失用户甄别问卷

您好，我们是 vivo 公司的员工，现在正在进行一项关于手机上浏览器的话题讨论。我们希望了解您的使用情况，所有话题讨论结果都用于我们后续产品的完善，我们将对您提供的所有个人信息保密。在访谈正式开始前，我们先通过电话和您了解一些简单的问题，此过程会被录音，请不要介意，非常感谢您的配合！

S1. 您目前的居住地/常住地是（记录城市及具体城区街道）

请记录：________________【配额：南京、南昌、宁德、开封等】

S2. 请问过去半年内，您有没有参加过任何形式的市场调研/研究活动？

有	1→ 终止
没有	2

S3. 请问您或您的家人，有没有在以下行业工作的？

市场研究/市场调查类的相关工作	1→ 绝对终止
广告/公关公司	2→ 建议终止
媒体/广播/电视/新闻/杂志及其相关行业	3→ 建议终止
手机销售和制造/操作系统和应用制作/电商类网站/新闻媒体相关工作人员	4→ 建议终止
以上皆无	5

S4. 记录性别

男	1
女	2

S5. 请问您的周岁年龄是 请访问员记录具体年龄

17~26 岁	1
27~36 岁	2
37~46 岁	3
其他	4→建议终止

S6. 您的职业状况是？请访问员记录具体职业

具体记录	

S7. 请问您现有教育程度是什么？请访问员记录具体学历

初中及以下	1
高中/中专/技校	2
大专	3
本科	4
研究生及以上	5

S8. 请问您目前主要使用的手机品牌是

品牌	选项
vivo	1
其他	2→终止访问

S9. 您当前使用的这部 vivo 手机型号是

手机型号系列		记录具体型号
X 系列	1	
Y 系列	2	

筛选问卷示意

2. 设计访谈脚本

在甄别问卷回收的同时，可以同步进行访谈脚本的设计。一场用户访谈，时间一般控制在 1 ～ 2h，时间太长用户会疲惫或不厌烦，影响后续访谈的质量。

访谈开始是热身，主持人先进行自我介绍、破冰，活跃氛围，拉近自己和用户之间的距离；然后是了解用户的购机情况、购机原因及目标、对品牌的印象、生活状态，以及日常手机的使用状态和行为，再往后才切入主题，按照访谈大纲聊具体的产品使用情况、态度和想法，聊完之后再回顾一下，看是否有遗漏，并让在场的其他调研同事补充询问。下图是我们对浏览器流失原因的访谈大纲节选，供大家参考。

浏览器流失用户研究项目

——定性访谈大纲（90 min）

模块名称	主要目的	用时/min
热身	破冰，营造活跃气氛，拉近主持人与被访者之间的距离	5
品牌印象、生活形态及泛娱乐行为特点	了解目标用户的购机情况、品牌印象、生活形态、休闲娱乐观以及手机泛娱乐行为等特点	20
手机浏览器使用情况	了解用户对手机浏览器的认知和使用情况，核心功能消费需求场景与偏好，心智评价	30
搜索/资讯/小说消费行为	了解用户对各搜索/资讯/小说的认知使用情况，渠道选择驱动，使用场景和体验评价，了解用户的需求满足渠道变化情况及原因	20
本品流失原因	了解用户对本品使用频率变化情况，分析用户对本品流失原因，流失去向	10
补充与结束	检查大纲，与现场客户确认是否有问题遗漏，感谢并结束	5

注：本篇大纲的主要目的是向主持人提醒访问的要点．主持人将会根据这份大纲内所划定的范围来引导总体的访问流程．因此，这份讨论大纲将仅作为一份题目参考．在讨论过程中：

1） 被访者的各种反应可能会将讨论引导到其他无关的方向或改变话题的先后顺序；

2） 如果被访者之前曾有提及过相应的话题，则讨论大纲中的部分问题和访问方法可以选择性跳过。

1. 热身（5 min）

- **介绍讨论主题，鼓励被访者表达自己的观点**
- **自我介绍（主持人和被访者）**

用户访谈大纲部分文件示意（1）

- 欢迎参加我们的访问活动
- 主持人简要介绍自己和公司
- 解释访问的目的并强调：
    - 访问的目的：了解一下 vivo 用户的手机使用情况，帮助我们改进产品，更好地服务用户。
    - 表达没有对错之分，我们想了解您最真实的想法 。
    - 保密原则：录音和视频是用来帮助我们回忆和整理，您所提供的全部信息，将被我们严格保密，不会用于任何商业目的，请您放心。

2. 品牌印象、生活形态及手机泛娱乐行为特点（20 min）

- **了解目标用户的购机情况、品牌印象，生活形态、休闲娱乐观以及手机泛娱乐行为等特点，为后续理解其浏览器需求做背景铺垫**

- 用户自我介绍：职业、家庭等
- 平时您的工作、生活节奏是怎样的？
    - 简单介绍一下工作日和周末全天的安排？
    - 娱乐是整段的还是一些碎片化的？具体时间段？在什么场景下？
    - 在这些时段里会做些什么休闲娱乐活动？这些活动带给自己什么感受？
    - 现状评价：满意和不满意的方面分别是什么？
    - 未来规划：对未来有怎样的期待和规划？针对这些目前会做些什么努力？
- 现在使用的是哪款手机？
    - 什么时候购买的？线上还是线下？购买手机时最吸引您的特点是什么？对 vivo 品牌的印象如何？
    - 现在使用体验如何？
- 会使用哪些手机中的 App（游戏、短视频、资讯、社区、购物、音乐、小说）
    - 经常使用的 App（打开用户手机健康使用设备）

用户访谈大纲部分文件示意（2）

3. 用户邀约

访谈脚本设计期间，问卷持续回收，我们可以根据问卷回收的情况，电话邀约问卷中符合条件的目标用户，确认其条件满足度、访谈意向和时间，然后将合适的访谈对象信息记录下来，如下图所示。

序号	S15.城市	姓名	S18.性别	S19.年龄	S20.职业	S21.学历	S22.主用的手机品牌	S23.机型	S24.使用自带浏览器的频率	S25.浏览器满意度	S26.觉得自带浏览器体验不太好的方面	T1.情感表达情况	T2.访谈中录视频	访谈地点	访谈时间
1	南京	XX	女	36	企业公司普通职员	本科	OPPO	K9	平均每周有3天及以上会使用	4	点进去的时候，广告比较多。有时候看视频的时候也会跳出广告	8；7；10；10；9	可以	家访：XX区XX街道XX小区X栋	1月19日 9:30—11:30
2	南京	XX	男	39	企业公司普通职员	本科	OPPO	Reno4 SE	平均每周有3天及以上会使用	4	跳出来的广告比较多。版面不太方便，字也有点小	9；9；8；9；10	可以	家访：XX区XX街道XX小区X栋	1月20日 10:30—12:30
3	济南	XX	女	36	一般职员/电揽技术	研究生	华为	Nove4	平均每周有3天及以上会使用	4	页面太单调，不是很好看，不喜欢推送的可以选择不喜欢，点击以后还是会推送，不精准	9；9；9；10；8.	可以	家访：XX区XX街道XX小区	3月4日9:30
4	济南	XX	女	40	一般职员/交通运输局	本科	OPPO	A73	平均每周有3天及以上会使用	3	信息和普通的浏览器相比会有时延，实时新闻更新的比较慢	9；10；9；9；10	可以	家访：XX区XX街道XX小区X栋	3月4日17:30
5	漳州	XX	男	32	普通职员	中专	小米	10S	每天都使用	4	广告太多;打开网页速度相对其他浏览器比较慢	9；9；9；8；8	可以	新思路公司	3月11日

确定的访谈对象

如果是设计师电话邀约，可以添加用户微信，方便后续微信联系（用户很容易临时变更，所以在进行调研的前 3 天、前 1 天和当天都建议跟用户确认一下，微信确认打扰会小一些），如果是用研或第三方公司负责邀约的，设计师则直接参与调研就好。

4. 用户访谈

到了约定的时间和地点，就可以参照访谈大纲，正式进行用户访谈。下图是我们当时入户访谈的一些照片截图。

我们用户访谈的示例

访谈过程中，我们会进行录音和录像（需要提前征求用户同意），方便后期回顾，整个采访过程，主持人是不看大纲的，所以非常考验主持人对大纲的熟悉程度和灵活应变能力，需要能够根据用户的回答不断深挖，也需要适时地把用户拉回来聚焦在访谈主题相关的话题上，作为主持人最好自己先排练几次再找用户进行预访谈和正式访谈，以保证访谈效果。

主持人在访谈期间要保持态度中立，善于引导和聆听，能够让用户滔滔不绝、娓娓道来的主持人才是一名优秀的主持人，这要求主持人不仅要具备很好的亲和力，还要具备一定的心理学知识，知道该如何描述问题，避免框架效应、锚定效应和证实偏差等。

设计师在准备、检查和执行访谈大纲时，要牢记 4 个中立：想得中立、问得中立、听得中立、答得中立。

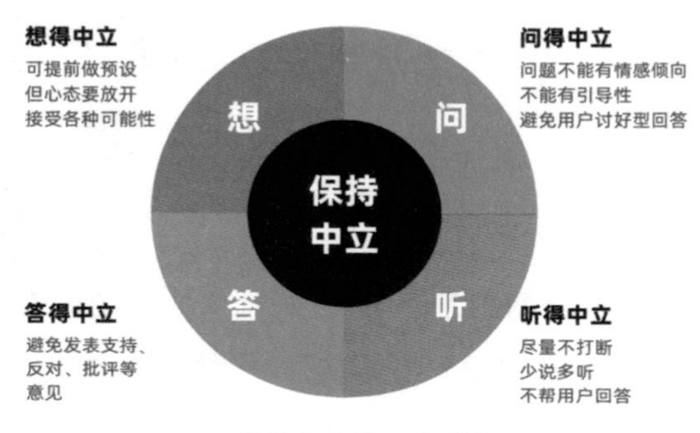

保持中立的 4 个要点

想得中立：要求主持人提前做预设，以应对用户的各种提问或回答，且心态要开放，接受用户回答的各种可能性。

问得中立：要求主持人提问不能具有情感倾向或引导性，比如你喜欢我们的产品吗？避免用户产生讨好型作答。

听得中立：要求主持人尽量不打断用户，多听少说，适当地停顿和沉默，给用户一点思考时间，让用户发言，不要着急帮用户去回答问题。

答得中立：面对用户提问中性回应，避免发表反对、批评、支持等意见，让用户为了照顾主持人的态度而改变描述。

5. 结果输出

用户访谈输出的结果主要有下页图示的几种形式，大家可以根据自己的调研目的和访谈数据进行整理输出。

以我们本次对流失用户的访谈为例，最终输出的内容包括流失用户画像和他们的流失原因，并给出了相应的流失挽留建议。

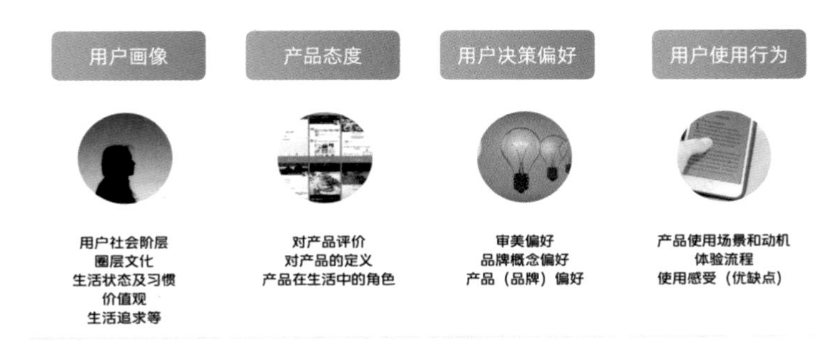

用户访谈结果输出的几种形式

最后小结一下用户访谈的流程及要点，如下图所示。

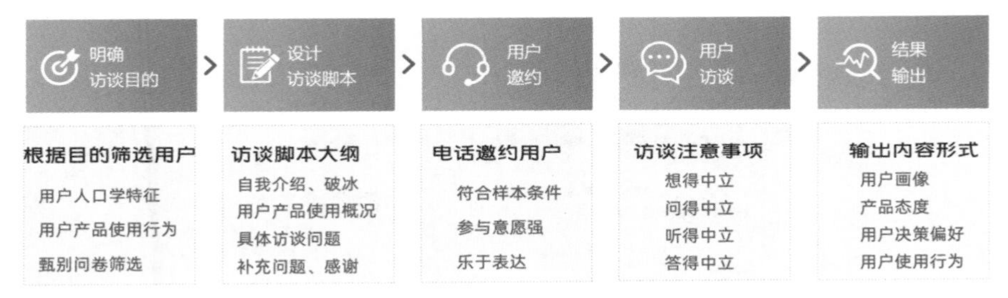

用户访谈流程及要点

大家可以参考它开展一场相对专业的用户访谈。

3.2.3　可用性测试

根据 ISO 9241-11 的定义，可用性是指在特定环境下，产品为特定用户用于特定目的时所具有的有效性、效率和主观满意度。

可用性测试是通过观察有代表性的用户，完成产品的典型任务，从而界定出可用性问题并解决，目的是让产品用起来更容易。它的通用评估标准是“尼尔森 10 大可用性原则”大家也可以结合自家产品特征进行微调。

以下是我归纳的可用性测试流程，如下图所示。

可用性测试的流程

1. 明确测试目的

第一步，依然是明确测试目的，明确想要测试哪些功能、哪些方案、哪些流程和哪些设计细节，需要调研人员和其他项目相关成员达成一致意见。

2. 测试准备

测试准备包括文档、软件和硬件，具体清单如下图所示。

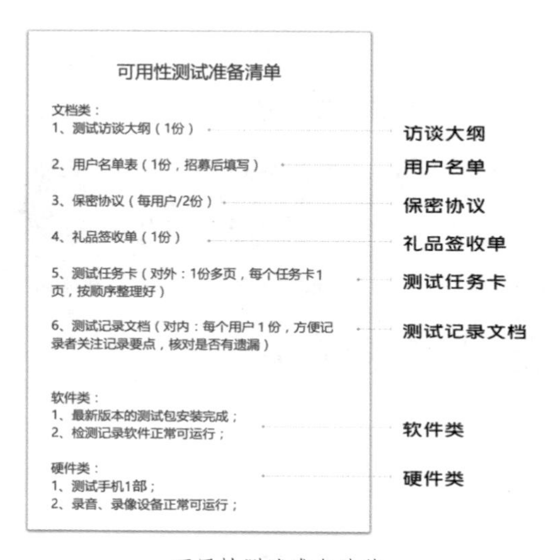

可用性测试准备清单

其中文档类包括：

（1）测试访谈大纲：方便主持人整理思路，熟悉和记忆访谈内容。

（2）用户名单表：用户招募后填写，需在测试前与用户确认时间、地点、意向等。

（3）保密协议：增强对方的信任感和双方的保密义务。

（4）礼品签收单：核对礼物的用户认领情况。

（5）测试任务卡：让用户阅读并执行任务的卡片。

（6）测试记录文档：让调研人员或旁观的项目成员了解测试内容及关注点，方便大家观察、补充、记录。

其中，测试访谈大纲和测试记录文档是核心，二者都是以任务设计为核心的。

任务设计包含 3 要素，分别是：任务描述、观察询问要点、观察记录要点。

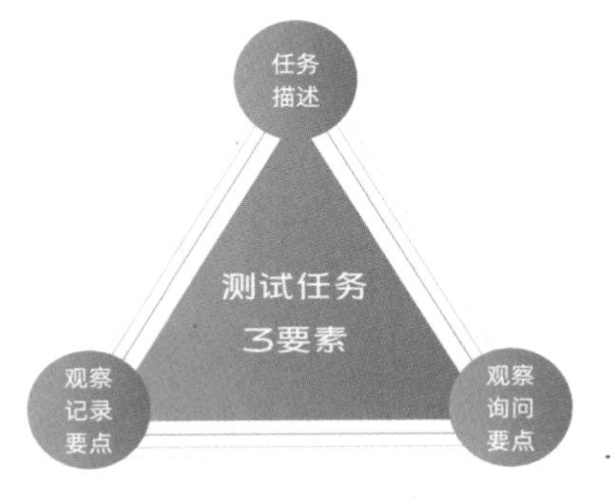

测试任务的 3 要素

任务描述：表达的是让用户做什么？需要根据目标确认任务的范围，缩小任务量，同时将任务简洁、清晰、无歧义地描述出来，而且尽量代入场景，让用户操作更有目标感和故事性。

观察询问要点：记录需要主持人观察的用户行为、具体操作和表情，以捕捉用户关键行为和心态变化，方便后续追问。

观察记录要点：让专门的用研记录员进行观察和关键信息的实时记录，避免遗漏和遗忘。

下面是一个测试任务案例的参考：

任务 1： 预约接机。

考察要点：接送机入口查找、预约接机功能使用（填写航班号、接机引导员功能发现及理解）。

任务描述：假设公司临时通知您要去重庆出差处理一个司机群体突发事件。这是您第一次一个人去重庆，您需要自己一个人从机场前往重庆的办公室。听同事说，重庆机场叫车时间很长，不确定多久能叫到车。 您的机票已在携程订好，航班号是 CA1437，北京首都机场 T3 航站楼飞往重庆江北机场 T2 航站楼，预计起飞时间是 9:11，预计抵达时间是 12:30。

请用滴滴来帮您解决从重庆机场到重庆办公室的交通问题吧。

任务完成后请说“任务完成了”。

观察和记录要点：

用户是否完成了任务（一次完成，多次尝试，任务失败）；

用户是否理解接送机入口，预约接机的名称；

用户是否能正确输入航班号进行车辆预约；

……

给用户看的只有任务描述（建议用 A4 纸大字打印，一个任务一页，方便任务聚焦与切换），其他则是给支持人和记录员的任务记录文档。

除了文档，组织者还需要提前准备好测试产品或原型、预订会议室、准备录屏 / 录音设备等。充分的准备，是保证测试顺利开展的前提。

3. 招募用户

招募可用性测试的用户和招募访谈用户类似，可以参照以下步骤进行：

（1）根据大盘用户特点和测试目标，确定招募用户的年龄、性别、城市、机型和产品使用行为。

（2）设计问卷筛选出符合要求的用户（预测试可以找公司不相关的同事，也可以选择亲友推荐）。

（3）电话邀约甄别，确定最终测试用户（用户数量一般控制在 5 ～ 8 个）。

根据尼尔森可用性测试建议，5 个用户即可发现约 85% 的可用性问题。所以我们在招募用户时，一般筛选 5 ～ 8 个用户。（建议多约 2 ～ 3 个，因为即使前期有甄别和确认，但依然可能会遇到“放鸽子”或者非目标用户。）

用户招募完成后，可将其信息填入招募用户表中，方便后期跟进、管理、维护。

4. 测试执行

测试执行包括预测试和正式测试。测试要点是多观察，少说话，说用户能听懂的话，而且让用户边做任务边说想法。

测试前：5 分钟左右。开场白，自我介绍，说明试验目的、内容等，让用户熟悉产品，为任务测试做准备 。

测试中：20 ～ 40 分钟。执行测试任务，观察、挖掘、记录测试中的发现。

测试后：其他人补充询问测试中发现的一些新的疑问点，询问原因。

注意事项：保持坦诚、适应用户，过滤噪声，关注用户本身。

具体测试执行的步骤及细节如下图所示。

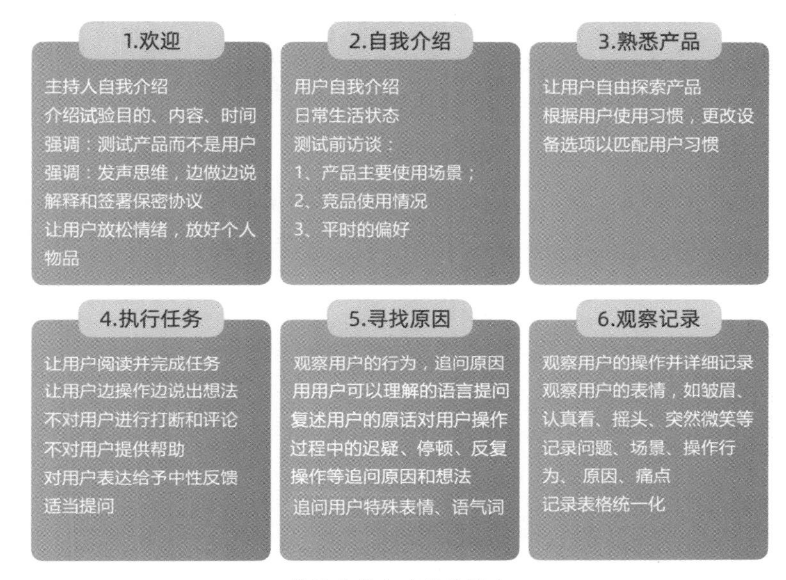

测试中每个步骤的要点

前两步是为了让用户卸下防备，营造轻松的氛围，引导用户进入自然的状态。

第 3 步熟悉产品很有必要。为了控制变量，我们会让用户用我们配置的手机进行任务执行，所以需要用户提前熟悉手机，进行简单的操作体验，或者调节部分设置以匹配用户的默认设置，避免用户因为设备切换带来的不利影响。

第 4、第 5 步是对主持人的要求，需要主持人具备一定的专业素养和洞察力，能够根据用户的任务执行情况不断发现问题、追问原因。

第 6 步需要专门的记录员进行现场记录，虽然有录音录屏，但有些操作和用户肢体语言只有在现场才能捕捉到，所以现场记录的信息会更全面、生动。

5. 讨论分析

每一位用户测试结束后，现场调研参与者都要趁热打铁进行讨论，看看在刚刚的测试过程中有什么新发现，对于测试的话术、观察和记录要点等是否要调整，以便让下一次的调研能更加深入，促进更多问题的发现。

所有用户测试完成后，需要对所有发现的问题进行定级，定级有 3 个维度：

（1）任务完成度：用户是否完成该任务（顺利完成；尝试多次或在提示后完成；没有完成）。

（2）使用频率：用户是否频繁使用该功能。

（3）影响范围：是否影响多数 / 核心用户使用。

根据这 3 个维度，我们可以对每个问题进行初步定级，如下图所示。

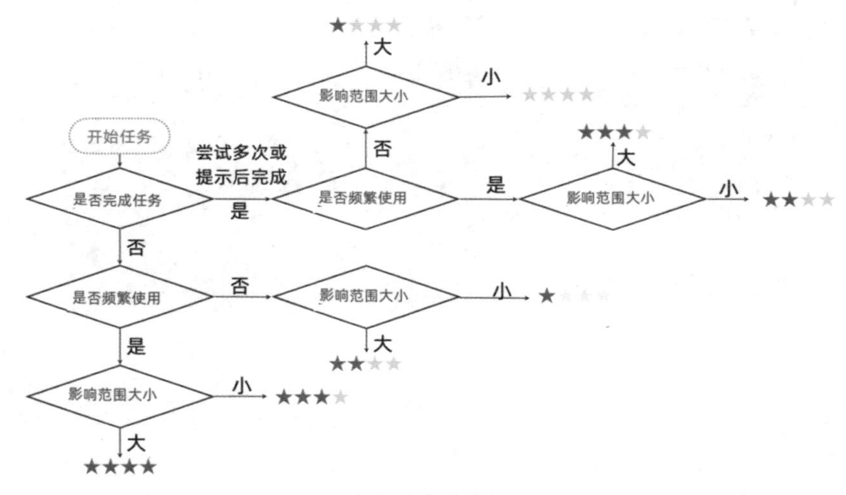

问题的定性定级

最终得到以下 4 类可用性问题：

严重问题（4 红星）：多数用户都会遇到这个问题，并导致用户无法正常完成任务，需要马上解决。

重要问题（3 红星）：这个问题将大幅度地降低用户完成任务的效率，或者用户需要寻求帮助才能完成测试任务，需要尽快解决。

中等问题（2 红星）：这个问题将使一部分用户感到不快，但不会影响到测试任务的完成，可在下一次更新产品时进行修复。

一般问题（1 红星）：这个问题不太重要，但需要避免出现太多类似的问题，可以在项目缝隙时间进行修复。

最后输出问题列表、问题类型和问题优先级，如下图所示。

问题编号	问题描述	类型	问题优先级
Q1	目的地推荐无分类，用户查找效率低	功能	★★☆☆
Q2	手动调整上车点，用户难以发现	视觉	★★★☆
Q3	推荐目的地筛选维度较少，对用户采纳刺激较弱	功能	★★☆☆
Q4	形成编辑操作之后，和用户使用差异较大	交互	★★★★
Q5	添加功能不明显，用户容易错过	视觉	★☆☆☆
Q6	交通更改步骤太长，与用户预期不一致	交互	★★★★

输出的可用性问题列表

问题梳理之后，需要结合用户想法和期待，给出一些改进建议，让产品及设计师能够根据用户需求，设计合理的改进方案。

如果想让用户给产品的可用性打分，可以参照下图所示的问卷让用户进行评分。

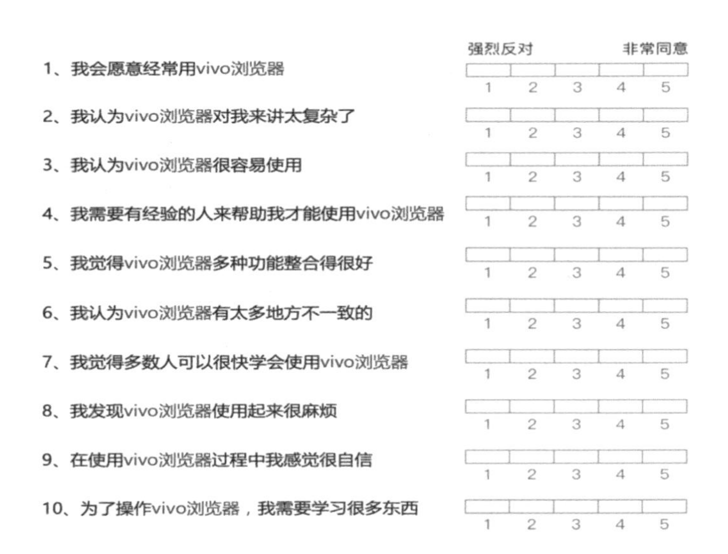

强烈反对　非常同意

1、我会愿意经常用vivo浏览器　1 2 3 4 5

2、我认为vivo浏览器对我来讲太复杂了　1 2 3 4 5

3、我认为vivo浏览器很容易使用　1 2 3 4 5

4、我需要有经验的人来帮助我才能使用vivo浏览器　1 2 3 4 5

5、我觉得vivo浏览器多种功能整合得很好　1 2 3 4 5

6、我认为vivo浏览器有太多地方不一致的　1 2 3 4 5

7、我觉得多数人可以很快学会使用vivo浏览器　1 2 3 4 5

8、我发现vivo浏览器使用起来很麻烦　1 2 3 4 5

9、在使用vivo浏览器过程中我感觉很自信　1 2 3 4 5

10、为了操作vivo浏览器，我需要学习很多东西　1 2 3 4 5

可用性评分问卷问题

得到用户的原始评分后，采用如下计算规则：

奇数项的记分采用原始分数减 1，偶数项得分采用 5 减原始得分，由于是 5 点量表，每个题目的得分范围是 0 ～ 4，SUS 的范围是 0 ～ 100，故需要将每个题目得分相加后再乘以 2.5，即可获得单个用户的 SUS 最终分数。最终将多个用户的 SUS 得分取平均值，即可得到该轮可用性测试的产品分值。

SUS 的平均分数为 68 分，50 分以下是不可接受的，70 分以上是可以接受的。如下图所示是各个分制所代表的产品可用性的程度。

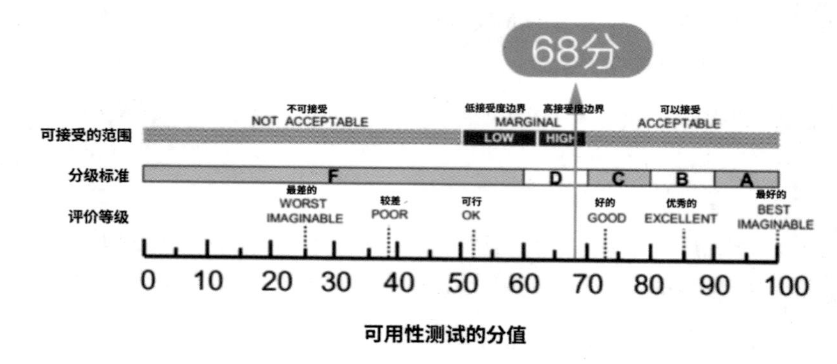

得分对应的可用性程度

最后，小结一下可用性测试的整体流程和每个环节的注意要点，方便大家回忆巩固，如下图所示。

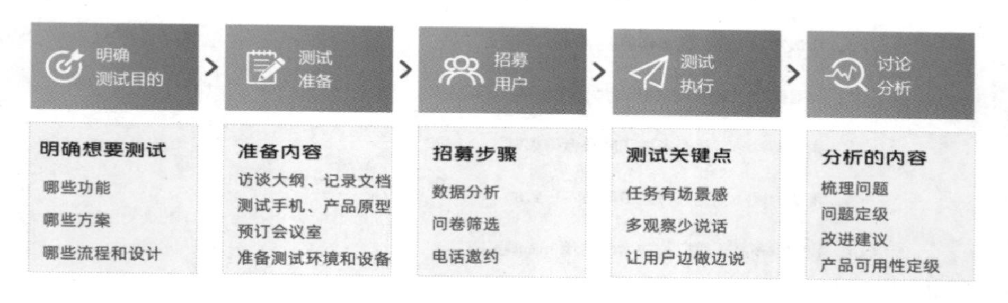

可用性测试流程和要点小结

3.3 学会数据分析

用户调研因为时间资源等限制，一年可开展次数相对较少。那我们还有什么低成本的方式去了解用户呢？答案是数据分析。

只要是针对已经上线的产品或功能做设计，数据分析必不可少。通过数据分析，不仅能洞察用户行为，还能辅助设计决策和设计验证。我把数据分析从认知到实践拆分为如下图所示的几个环节。

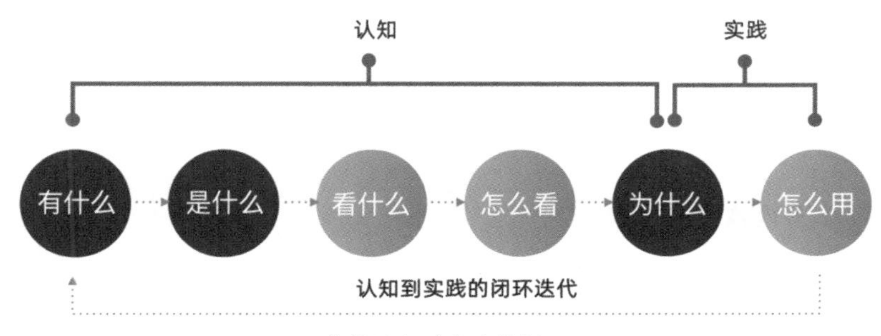

数据认知到实践的闭环

有什么：了解所做业务目前有哪些数据可以看？在自有平台还是第三方平台？是否可以申请账号和权限直接查看？

是什么：了解每个数据指标的具体定义口径是什么？

看什么：我们在做数据分析时，最常看哪些数据？

怎么看：通过什么方式去把数据转化成有意义的信息？

为什么：思考数据为什么会这样？什么原因导致的？

怎么用：如何把数据分析的结果转化成设计决策的信息？

大家可以按照这几个环节去了解自己业务的数据。本章节将重点聚焦在看什么、怎么看和怎么用上，帮助设计师做好数据分析的入门工作。

3.3.1　认识数据

如果是刚接触数据，可以从以下几个基础指标来认识数据。

1.UV/PV/CTR

UV（Unique Visitor）代表在某个周期内有多少唯一 ID 的用户访问了产品或页面。同一 ID 多次访问算是一个独立用户数，UV 不变。

PV（Page View）代表在某个周期内，用户访问了多少次产品或页面。用户每打开或刷新都算一次，PV 会加 1。

曝光 UV/PV，顾名思义，是指一个页面或模块被展示的人数 / 次数。

点击 UV/PV，顾名思义，是指某个模块 / 元素被点击的人数 / 次数。

UV/PV 是最基础的数据指标，很多复合指标都是根据它们计算而来的。

比如我们常说的 CTR，就是页面上某一内容被点击的 UV/PV 与该内容被曝光的 UV/PV 之比。UV CTR= 点击 UV/ 曝光 UV，PV CTR= 点击 PV/ 曝光 PV。

2.DAU/WAU/MAU

DAU（Daily Active User）代表日活跃用户数，简称日活，即一天时间内，产品内产生活跃行为的用户数量。

值得强调的是，不同公司、不同产品的日活计算口径可能是不一样的，比如有的是指当日有活跃行为的用户人数，有的是指月均日活数（更稳定一些），有的日活以浏览计，有的以登录计，有的以购买计，所以在了解日活的时候，一定要了解日活的计算口径到底是什么。

与日活（DAU）相关的几个指标有周活（WAU）、月活（MAU）、日新增用户（DNU）、周新增用户（WNU）、月新增用户（MNU）等。

不同属性的产品，选取的核心指标不一样。比如使用天频高的看重日活，工具类天频相对低的，更看重周活甚至月活。虽然日活更偏产品运营类数据，但设计师也要重点关注，因为它不仅是产品核心指标，也是很多行为转化指标的分母。

3. 留存 / 留存率

留存是指用户从使用某 App/ 功能开始，一段时间（通常统计第 2 天、第 3 天、第 7 天、第 30 天）之后，仍然继续使用该产品 / 功能的用户，就被认为是该产品 / 功能的留存用户。留存下来的用户和一开始全部新增用户的比例值就是留存率。

留存，分新用户留存、老用户留存和整体用户留存，所以大家在听到留存率指标时要注意区分，不要因为听到截然不同的留存率数值而困惑。

通常大家谈留存时，都特别关注新用户次留，这可以反映产品的黏性而非惯性。

次留 = 第一天新增用户在第二天仍然活跃的用户数量 / 第一天新增总用户数量 ×100%

举个例子，今天产品的总日活是 100 万人，明天这 100 万人中，有 30 万人继续来使用产品，那整体次日留存率 =30/100×100%=30%。而今天这 100 万人中有 10 万的新用户，而这 10 万人中，明天只有 1 万人继续来活跃，那新用户的次日留存率就 =1/10×100%=10%。

留存和日活密切相关，产品留存越好，日活累计越高，毕竟每一个老用户都来自曾经的新用户。我们可以通过下图理解留存和日活之间的关系。

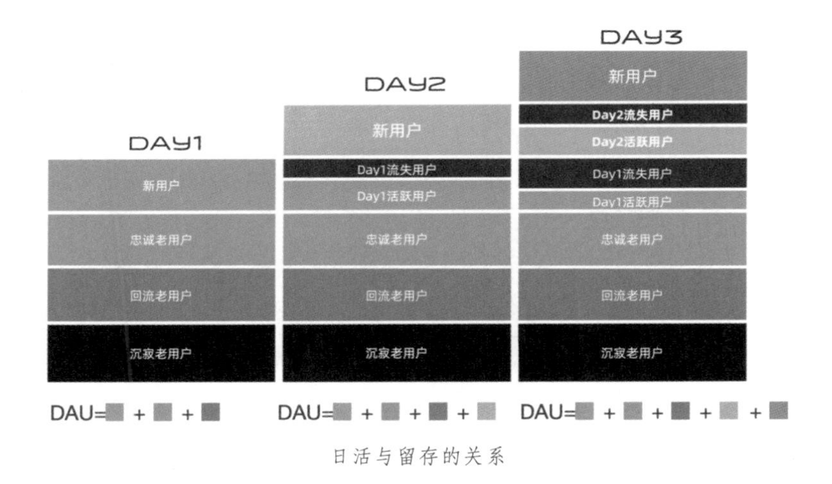

日活与留存的关系

从上图可以看出 DAU= 当日新用户 + 近期留存新用户 + 忠诚老用户 + 回流老用户。

与日留存相关的指标包括周留存、月留存甚至年留存。因为有核心行为的用户明显会比无核心行为的用户留存比例更高，所以拉动无核心行为的用户产生核心行为，成为很多产品和运营的惯用策略。

以上是 3 类最基础、最常用的数据指标，大家可以优先学习，其他数据指标，可以参考下图，按需学习。

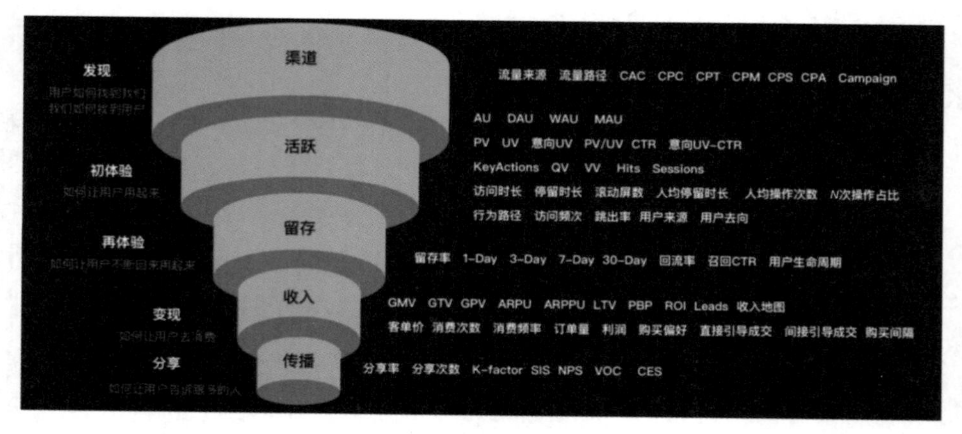

数据模型及指标一览图

如果你刚接触数据，对于图中数据指标的英文缩写一头雾水，可以扫码查看我们团队整理的这张《常用数据指标释义一览》，相信会对你有帮助。

常用数据指标

3.3.2 对比数据

找到了要看的数据，那我们到底应该怎么看呢？一个孤立的数据是传递不了任何信息的。因为没有对比，就没有意义。通过对比，才能发现问题。这里我给大家推荐 3 种对比方式：竞品对比、历史对比和分维对比。

1. 竞品对比找差距

跟竞品 / 同类产品对比，找到我们和行业优秀产品的差距有多大，以此判断我们的增长空间有多大。

比如，经数据对比，我们发现 i 视频的支付成功率只有 10%，而同类竞品有 30%，以此判断，我们在支付环节存在约 20% 的增长空间，可以在支付页面参考竞品再做一些设计优化，以提升支付成功率。

2. 历史对比看效果

历史对比，看功能上线前后的数据变化，以此来评估功能的效果，如下图所示。

历史对比看效果

小说 banner 的点击率，改版前是 5.1%，改版后变成了 6.2%，说明改版是有效的，改版后的图片效果比改版前更具有吸引力。

3. 分维对比精细化运营

分维对比是指按照用户性别、年龄、机型、地域、职业、新老等不同维度拆分数据，对比不同属性的用户数据差异，再对差异较大的维度进行精细化设计。

比如小说频道的男女比例是 7 ∶ 3，那在近期小说资源引入上，可以多引入一些男生小说，以更好地满足男生大盘的阅读需求。同时，设计侧可以为男女生设计不同的主题，营造不同的阅读氛围。

再比如当我们发现不同机型，信息流的渗透率有比较大的差异时，大盘机型信息流渗透率为 50%，但 iQOO 用户渗透率只有 5%，那我们则可以根据不同机型用户对信息流的需求设计不同的浏览器首页，以满足不同机型人群对浏览器的功能偏好，如下图所示。

分机型设计

再比如我们发现不同年龄段的用户，对挂件字号、样式存在显著差异时，可以根据不同年龄用户的生理特征和典型偏好，做设计样式的调整，在保证可视性的前提下，调整挂件的透明度和字号的大小。

通过对数据进行不同维度的拆分对比，可以发现不同属性的用户人群在行为上的差异，从而针对不同人群做差异化的设计，以提升某类用户的使用体验和数据转化率。

3.3.3 使用数据

前面我们讲到，数据分析不仅可以帮助我们洞察问题，还可以帮助我们做设计决策和验证，那具体怎么用呢？

1. 数据大小反映需求优先级

在界面设计时，根据用户的视觉动线规律，越在前面的内容，越容易被用户注意到。从用户诉求上来讲，越是用户需要的内容，越应该展示在前面，以减少用户的查找成本。所以在界面重构时，要充分考虑界面上每一个功能、每一个元素的用户需求度（点击率），及时删减和隐藏不重要的信息，凸显高需求度的信息，以达到用户满意度和产品转化率的共赢，如下图所示。

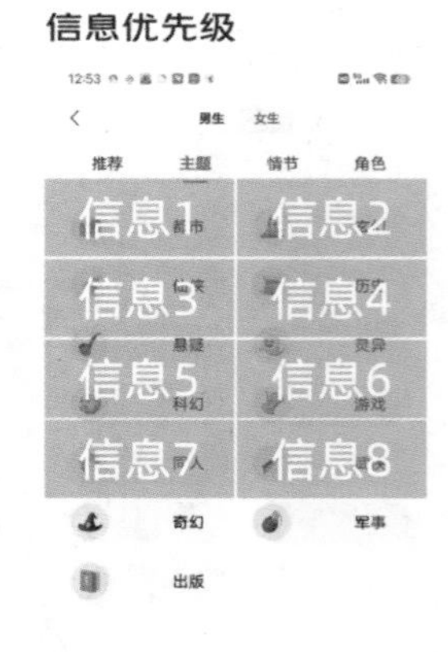

数据大小反映优先级

当我们对界面进行重构时，需要提取每个功能模块及可点击元素的 CTR，通过 CTR 高低及其视觉强度，排序各功能的用户需求度，最终再结合业务目标，重新定义界面上所有功能 / 信息的展示优先级。

2. 数据漏斗反映任务瓶颈

用户带着特定目标来使用产品，而产品通过任务流程让用户达成目标。对于每一个具体的任务，提取任务从曝光到最终完成的所有数据，计算每一步的转化率，看是否存在明显的漏损点，并对漏损点所在页面进行设计优化，就可以有效地提升整个任务的完成率。

以视频会员的开通任务为例，如下图所示。

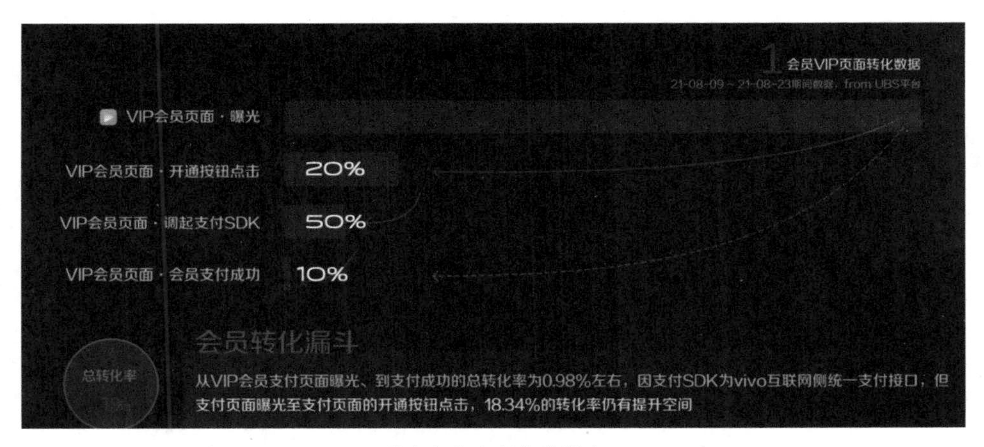

观察任务流程找漏损点

以 VIP 会员页面曝光为起点，从点击“开通”按钮，到调出 SDK 页面，再到点击“支付”按钮，最后到支付成功，我们可以把其视为一个完整的任务流程。通过对比发现“开通”按钮的点击率 20% 和支付成功率 10% 都是比较明显的漏损点，所以可针对这两个界面的信息设计、布局设计进行调整，以提升这两个功能的转化率，进而提升整体任务的达成率。

以上就是设计师做数据分析的基本思路，通过认识数据、了解业务的核心数据指标，再通过对比数据，去洞察设计机会点，最后通过数据大小和转化漏斗，去优化单个界面的信息布局和任务流程的转化率，以提升产品体验和业务指标。

3.4 善用竞品分析

竞品，有狭义和广义之分。

狭义的竞品是指竞争对手家的产品，多属于同品类，包括子品类和父品类。

广义的竞品则宽泛得多，只要是能带来设计启示的产品都算，不仅可以跨品类跨行业，还可以跨平台跨媒介。

竞品分析，就是对竞品进行对比、分析、思考和总结，以提炼出有价值的设计启示应用在自家产品中。

竞品跟踪与分析是设计师的日常工作之一。不管是作为领先者的“防御”策略，还是跟随者的“借鉴”策略，或是竞争者的“差异化”策略，都需要我们保持对竞品的关注。

不同职能角色竞品分析的焦点不同。交互设计师分析的重点在结构层和框架层，同时也会关注战略层、范围层和表现层。因为战略和范围会影响甚至决定产品设计的结构和框架，而表现层最直接作用于用户的感官，需要跟框架层的界面设计密切配合，以取得最佳的视觉表现力。

作为交互设计师，日常是如何做竞品分析的呢？

我把竞品分析的流程总结如下图所示。

竞品分析的流程

在竞品分析之前，需要先确认竞品分析目标和主题，然后根据主题选择合适的竞品，然后逐一体验竞品，截图或录屏对比设计差异，最后再思考差异背后的原因和利弊，提炼最佳的设计策略。

3.4.1 明确分析目标

竞品分析的范围很广，从商业到体验，从战略到视觉，而设计师时间和精力有限，所以单次的竞品分析要围绕目标和主题展开。

设计师做竞品分析有 3 类目标：为自己积累行业知识、为团队优化产品设计、为老板提供战略参考，如下图所示。

明确竞品分析目标

为自己积累行业知识，核心是了解竞品的特征，对比竞品之间的差异，总结行业设计模式，提炼设计趋势等。

为团队优化产品设计，要确定产品设计的主题及功能范围，了解竞品的信息架构、任务流程和界面设计，为自家产品设计做参考。

为老板提供战略参考，要总结竞品的产品战略、商业模式，分析其上下游资源特点，为自家产品发展方向提供建议。

对于设计师而言，为了优化产品设计而进行竞品分析最为常见，所谓知己知彼百战不殆，我们在做任何产品 / 功能 / 界面设计时，都需要进行竞品分析，一定要确保自己的方案同于或优于行业竞品，否则在评审时被人指出方案不及竞品，就会比较尴尬，而具体的产品 / 功能 / 界面就是我们所说的分析主题。

3.4.2　确定分析对象

目标及主题确定后，需要围绕主题选择合适的竞品。选择竞品有 3 大类型：

（1）直接竞品：在用户认知中属于同一品类的产品，满足相同的用户需求。比如 vivo 浏览器的直接竞品有 QQ 浏览器、UC 浏览器、夸克浏览器等。

（2）间接竞品：虽不属于同品类的产品，但产品提供了相似的功能 / 服务，彼此之间仍然存在用户的争夺。比如与浏览器搜索服务相似的百度，以及与浏览器新闻服务相似的今日头条，都属于间接竞品。（如果改变主题，间接竞品可以变成直接竞品，比如搜索主题的竞品分析，百度就是直接竞品，新闻主题的竞品分析，今日头条就是直接竞品。所以对于不同主题，竞品的选择和性质是会发生变化的。）

（3）相关竞品：不属于同一品类，也不存在用户争夺，但设计模式上有值得参考借鉴的产品，比如在设计浏览器概念方案时，有同学曾以高德地图的双层结构作为原型参考，提出了浏览器的极简模式和新闻模式。

因为竞品的选择，决定了竞品分析的结论。所以每个分析的竞品都需要给出明确的选择理由。设计师筛选竞品的维度通常包括以下几类：

（1）市场占有率：一般会选择龙头产品进行分析，比如搜索竞品会选择搜索引擎的龙头百度。

（2）设计新颖性：一般选择具有新颖性和口碑的产品进行分析，比如浏览器的新兴竞品会看夸克。

（3）场景相似性：一般选择相似场景的产品进行分析，比如语音通话会参考电话。

要做出正确的竞品筛选，设计师必须做一些桌面研究，建立行业图谱，这样才能对行业中的龙头产品、腰部产品、新兴产品等有正确的认识。

3.4.3 对比分析竞品

当对主体产品进行竞品分析时，很多设计师会选择用户体验五要素作为分析框架，从战略层、范围层、结构层、框架层和表现层来展开分析。以浏览器竞品为例，分析如下。

战略层：以表格形式概括竞品的产品定位和用户概况，如下图所示。

竞品名称	产品介绍	产品定位	用户定位
百度	“搜索+资讯”客户端，具有百度网页、百度新闻等垂直搜索频道，同时包含人工智能等各种功能	中文搜索平台+资讯平台+AI平台+生活服务平台+百度系产品聚合平台	7亿用户规模，20~30岁的中青年约占84%，男性约占58%
夸克	追求极速智能搜索的先行者,为用户的信息获取提供极速精准的搜索体验	极简搜索平台+AI服务/引擎平台+生活服务平台	男女比例约为1：1，29岁以下青年群体约占57%，其中19岁以下群体约为26%，
UC浏览器	全球主流的第三方手机浏览器，致力于打造简单、可信赖的移动互联网信息服务平台	搜索平台+新型媒体资讯平台+小说平台	男女比例约为7：3，月活超过4亿，年龄分布在竞品中较为均衡，主要集中在20~39岁
Google Go	Google Go是谷歌推出的Google轻量版本，具有轻便、小巧、简洁的特征	快速搜索平台+网站导航平台	主要针对全球欠发达地区的安卓用户，但由于简单快捷受到了许多发达国家地区用户的喜爱

战略层简要的竞品分析

范围层：聚焦在浏览器搜索主题上，以表格形式呈现各产品在搜索类型及细分功能上的差异，如下图所示。

竞品名称	文本搜索								语音搜索									拍照搜索					
	基础功能				特色功能				基础功能		特色功能							基础功能		特色功能			
	查看历史	无痕浏览	联想词推荐	快速粘贴	快搜	热词推荐	联想页信息卡片	热榜新闻	自动识别语音	当前状态提醒	技能教学	语音设置	猜你想说	个性化内容推荐	文本辅助搜索	AI小程序	智能AI问答	自动识别万物	拍照识别	学习工具	生活辅助	趣味测试	AR应用
百度	●	●	●	●		●			●	●	●	●	●	●		●		●	●	●	●	●	●
夸克	●		●	●	●		●		●	●								●	●	●	●	●	
UC浏览器	●	●	●	●				●	●	●	●				●		●		●		●		
Google Go	●	●	●						●	●									●	●			
vivo浏览器	●	●	●	●					●	●									●	●	●		

范围层竞品分析

结构层：以符号或页面流程图的形式呈现搜索前中后各页面及元素之间的逻辑关系，如下图所示。

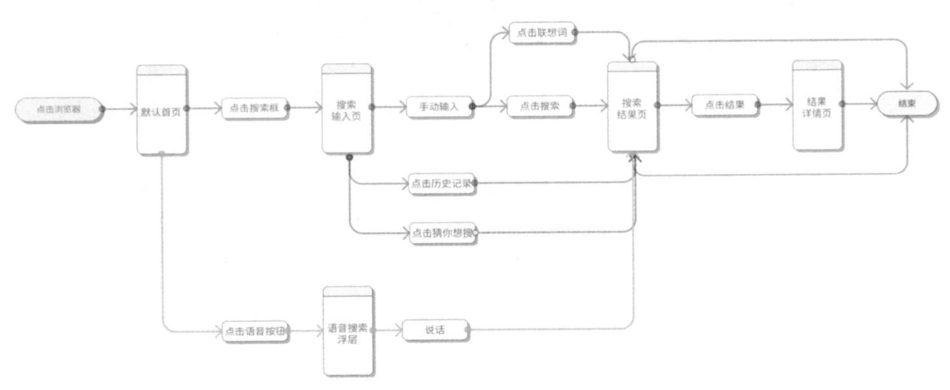

结构图竞品分析：符号流程图

框架层：通过归纳页面模块，总结页面信息架构，分析不同竞品页面的结构和内容差异，如下图所示。

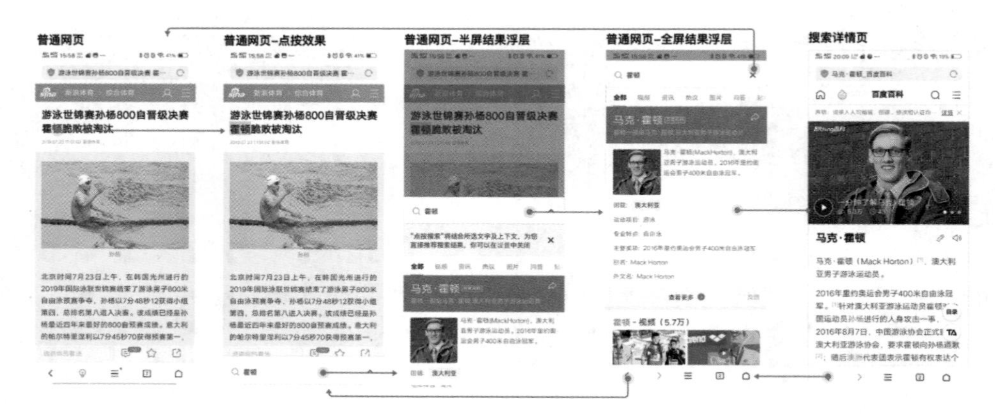

竞品分析的页面流程图

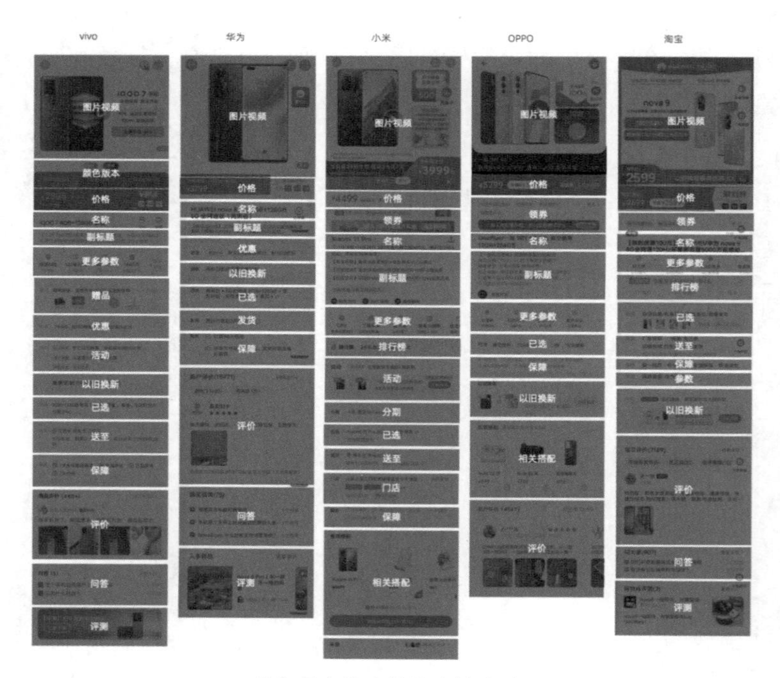

框架层竞品分析的案例（1）

表现层：聚焦竞品重点页面或重点模块的设计细节进行对比分析，分析其差异性及各自的优缺点。

框架层竞品分析的案例（2）

通过上述可视化的方式，将竞品战略、范围、结构、框架、表现层面的特征进行清晰的罗列和呈现。到这里才只是开始，要确保每一个层次的竞品分析都有分析结论，包括设计共同点、设计差异点、优劣势分析。

给大家举一个比较清晰的竞品分析案例，如下图所示（扫码看大图）。

多竞品任务流程竞品分析案例

这是一个关于商品直播的竞品分析，在形式上，设计师以不同竞品作为横轴，把竞品的核心流程作为纵轴，罗列了所有竞品的截图，并在右侧清晰地阐述了每个流程界面竞品分析的洞察，包括现状和优缺点，这样竞品界面及分析结论对应性就非常好，方便浏览人在阅读分析结论的时候直接扫视界面进行验证。当大家进行单任务流程竞品分析时，可以借鉴这种展示形式，浏览起来非常高效清晰。

在内容上，因为归纳了竞品的通用处理方案和竞品的设计亮点，那么我们在后续设计时，就可以考虑沿用行业通用设计方案，并借鉴竞品的设计亮点，以提升我们产品设计的合理性。

3.4.4 提炼设计机会点

设计机会点有以下两类：

填低谷：对比自家产品，如果竞品有更优的解决方案，可以直接借鉴竞品填补差距。

拔峰值：聚焦竞品都未能很好满足的功能或体验做设计，提供超预期的产品体验。

竞品分析可以帮助了解和归纳行业设计模式，采取行业通用的设计以尊重和延续用户习惯。同时，竞品分析也可以拓展我们的设计思考维度，帮助我们发现设计的多样性和创新性，助力我们的专业成长。每个设计师都需要保持对竞品设计的关注，并努力尝试设计创新，以引领行业竞品的设计。

3.5 体验走查

体验走查是一种通过自检发现体验问题的方式。设计师通过同理心代入，以我们学过的《设计法则》为标准，发现产品在功能、界面及流程上的可用性、易用性和美观性问题。

体验走查是设计师的日常工作之一，接触一个新产品，优化一个旧功能，验收一个新特性，阶段性地检查整个产品的体验……体验走查贯穿着设计师的工作日常。优秀的设计师可以一眼洞见界面中存在的体验问题。

那作为新手设计师，如何才能练就火眼金睛，快速洞察潜在的体验问题呢？我总结了 3 个步骤，大家可以参照执行，提升走查效率和效果。

3.5.1　走查前期准备

为了系统化地对产品功能进行“体检”，需要先做一些前期准备工作，这样才能确保我们的体验走查不重不漏，全面细致。这些准备工作包括：明确走查的版本、具体功能范围、流程和界面。把产品更新到最新的版本，记录手机型号、版本号、走查时间和走查功能，并准备好“走查准备表”，如下图所示。

产品准备：走查所用的手机、待走查的产品
文档准备：走查范围及要点表

功能范围	流程及界面	走查要点	备注
搜索	首页入口	入口位置、大小、醒目度、操作便捷度、点击反馈效果	搜索是浏览器的主功能，用户人群覆盖广，使用频率高，要尽可能地优化每一个细节，打造极致的搜索体验
	搜索输入页	无/有搜索历史时界面设计合理性、互动反馈合理性	
	搜索联想页	联想词显示样式、速度、点击反馈效果	
	搜索结果列表页	界面布局的合理性、搜索结果的全面性、精准性	
	搜索结果详情页	详情页的界面布局	

走查准备表

在“走查准备表”中确定功能范围，如浏览器的搜索、信息流、小说……

确定走查的流程，如首页→搜索输入页→搜索联想页→搜索结果列表页……

确定流程中每个界面及界面的各种状态：如搜索输入页有历史记录的状态、无历史记录的状态……

确定每个界面的走查要点：如搜索入口的位置、大小、醒目度、操作便捷度、点击反馈效果……

“问题记录表”是我们对外输出的走查交付件，需要将基本信息和走查问题都包括其中，如下图所示。

手机型号：vivo X70 pro；　走查版本：浏览器10.9.1.3.0　走查时间：2022年3月19日　走查核心功能：浏览器搜索						
功能范围	流程及界面	问题截图/视频	问题描述	问题严重等级	问题解决思路	问题解决进展
搜索	首页入口					
	搜索输入页					
	搜索联想页					
	搜索结果列表页					
	搜索结果详情页					

问题记录表

走查时，一旦发现问题，就及时地将问题截图或录屏记录下来，并进行简单的问题描述，方便后续持续跟踪。

3.5.2　执行体验走查

这是体验走查的核心。我将体验问题拆解到本能层次、行为层次和反思层次，在三个层面，借用不同的方法展开。

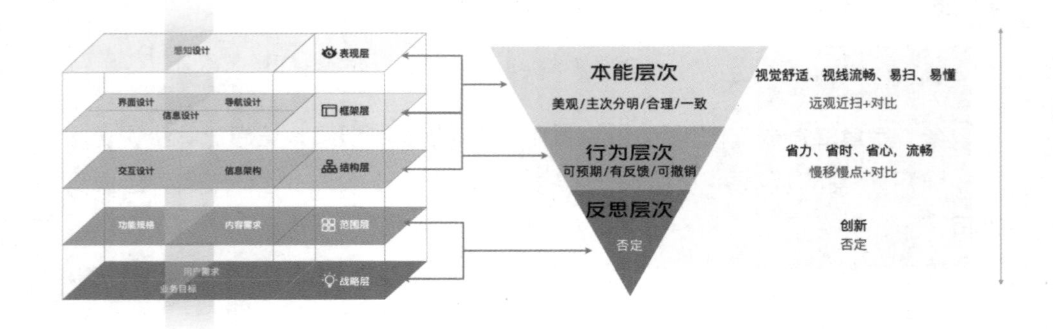

执行体验走查的步骤和方法

作为设计师，我们设计工作是自底向上的，从关注产品战略和目标开始，逐级拆解到最终表现层。但是做体验走查时，因为是代入用户视角，所以走查的思路是自顶向下的，先是表现层对应本能层次，然后到框架和结构层的行为层次，最后回归到范围层和战略层的反思层次。

1. 本能层次

本能层次以界面为主体，关注界面的第一印象、视觉动线、色彩、布局、主次、信息和其他细节。

首先要打开准备走查的第一个界面，去感受当前页面的设计：视觉是否舒适，视动线是否流畅，是否易扫、易懂。我将其拆解为 3 小步。

1）远观整体

记录一下每个界面给你的第一印象，比如 vivo 浏览器首页，如下图所示。

给我的第一印象是头轻中乱尾重：顶部留白较多，视觉舒适；下方名站颜色繁多，稍显凌乱；中间文字新闻间距对齐不统一，信息稍显凌乱；下方新闻大图有标签但是又看不清，像打的补丁。

然后再眯起眼睛远观产品（或者摘掉眼镜 / 将页面高斯模糊）记录一下视线自然流动顺序，将视线停留的信息顺序与设计时信息优先级顺序做对比。

远观时视动线是从名站→新闻，然而设计时的信息优先级却是搜索框→名站→新闻，所以相比之下名站的设计有点过于凸显，可考虑适当降噪。

2）近扫细节

所谓近扫，就是指从页面左上角到右下角逐一审视所有元素，看是否好看、易扫、易懂、合理，是否遵守规范和设计法则。

注意：走查时，要求有多少个状态就要罗列多少张图，这样才能确保页面所有的细节都走查到。还是以 vivo 浏览器首页为例，我们罗列全部状态开始逐一扫视页面细节，如下图所示。

远观整体 - 第一印象

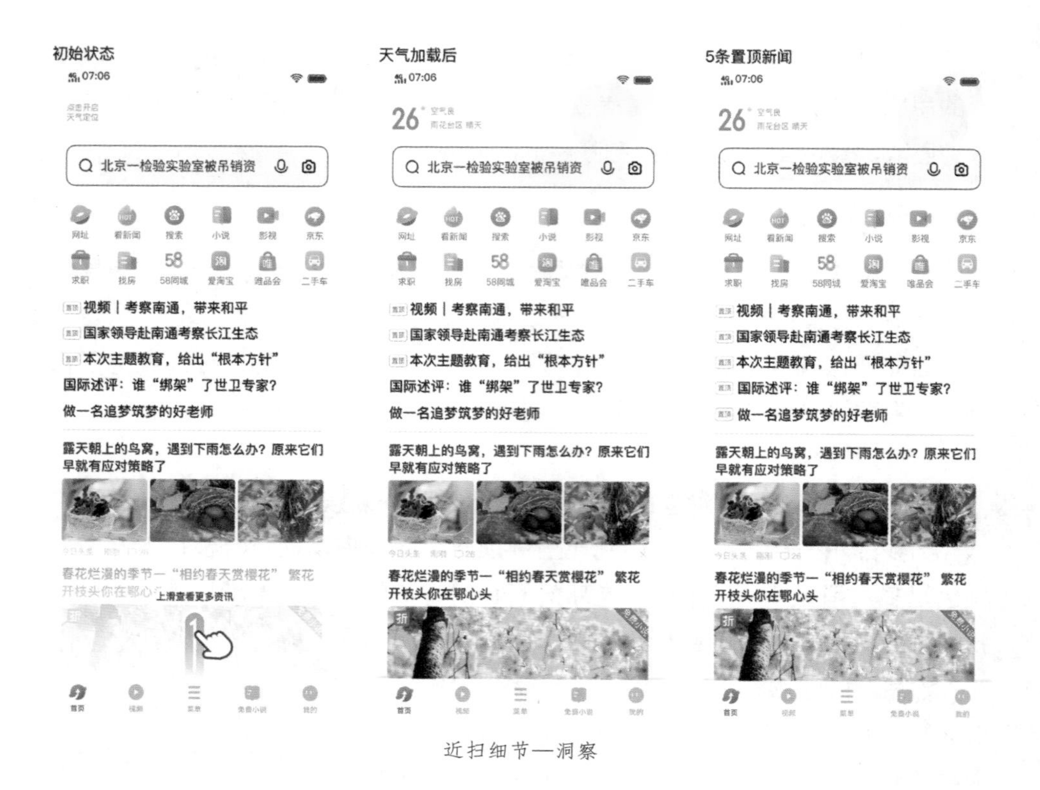

近扫细节—洞察

通过审视，得到以下洞察：

（1）定位未开启时，天气信息行距偏小，不理解为什么要折行，折行后右侧太空。

（2）撞色搭配的名站过于抢眼，且造型设计不一致。

（3）置顶标签过于醒目和干扰；置顶不对齐，信息凌乱。

（4）上滑是很常见的手势和认知，不建议一开始就给引导。

（5）大图贴标签还看不清，像补丁，影响观感。

通过同页面多状态同时扫描，可以帮助我们发现界面更多细节体验问题。

3）竞品对比

对比核心竞品，看看我们在设计感知上是否有提升的空间：寻找可以学习借鉴的优化点，包括整体布局、设计趋势、功能设计、视觉风格、元素布局等。比如对比华为和小米浏览器首页，如下图所示。

竞品对比

我们可以发现以下几个明显的洞察点：

（1）小米浏览器头部沉浸式氛围效果挺好的，值得借鉴。

（2）华为和小米都没有名站，需要考虑名站对产品和用户的价值和意义。

（3）华为置顶新闻没用红色标签，视觉重心落在内容上，值得借鉴。

（4）华为的精选新闻模块很有品质感，也能够传递新闻的时效性，值得借鉴。

2. 行为层次

本能层次的体验走查，关注的是静态界面设计，行为层次则是以核心任务流程为脉络，关注的是页面转换的动态过程。

行为层次的具体走查要点也可以拆解为 3 小步：

1）流程审视

第一步是罗列任务从开始到完成的所有界面，包括正向导航和反向导航，如下图所示。

vivo 浏览器的搜索流程

然后审视流程中每一步的合理性，如无必要，尽量删减。比如用 vivo 浏览器搜索时，在搜索结果页面先弹出了一个定位请求，这个就是比较让人困惑的，需要考虑能否删除。

然后是审视流程中元素的一致性问题，比如：

（1）在搜索中，搜索按钮在搜索框外；搜索后，搜索按钮在搜索框内。二者是否可以保持位置一致？

（2）联想页中的字色明显比历史记录页要更深一些，是否有必要？是否可以保持一致？

这些都可以通过多页面流程对比，一目了然地发现。

2）慢移 + 慢点

全局删减和对比后，再聚焦每一步，考虑每一步交互的合理性。大家可以按照操作前有预期，操作时有反馈，操作后可撤销的基本原则，逐步检验。这个过程的核心是要慢，放慢自己的操作，根据费茨定律，观察思考每一步移动路径是否可以再短一点，操作成本是否可以再低一点，操作反馈是否可以再清晰一点。根据这些原则，我们可以发现存在以下问题：

（1）首页搜索输入框、历史记录页实时热搜、复制信息栏、缺乏点击反馈。

（2）键盘上的动作文案没有适配。

（3）键盘在页面下方，输入文字在页面顶部，视线需要来回跳转，手指也需要来回移动。

（4）弹出定位弹窗不符合预期。

（5）首页没有想要的结果，需要滑动查看，体验很差。

3）竞品对比

通过竞品对比，看看竞品在设计上的优势，寻找设计优化的方向及可行性。比如跟 vivo 浏览器对比，会发现百度在搜索发现上点击都是有反馈的，而且相同的搜索词，在百度里是没有搜索广告的，第一条文本结果，第二条图片结果，能够非常精准地回答用户的问题，如下图所示。

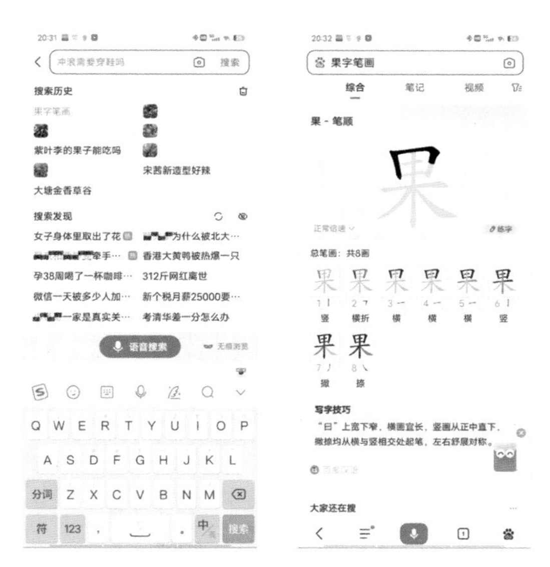

竞品交互洞察

总结一下，在本能层次和行为层次，我们可以将完整的任务流程画出来，然后按照每个界面远观整体→近扫细节→慢移→“慢点＋对比”的小循环，注意审视全局和细节，尽可能多地发现体验问题。

3. 反思层次

反思层的核心思想就是否定，不断地追问自己“如果不这样，那还能怎样？”

要做到这一点，其实很难，项目时间有限，而人天性懒惰，约定俗成的设计多数时候还是正确的，这么多限定条件下，很多时候反思并不会马上有成果。

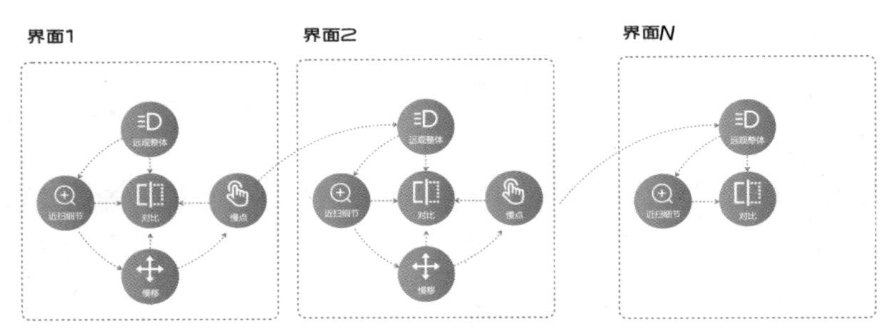

本能层次和行为层次的走查小结

那为什么还要反思呢？因为没有反思就没有创新，设计就会停滞，没有惊喜。

那什么时候要反思呢？挑你业务中最有价值的功能，对于那些让你觉得烦恼/别扭/不完美的设计，长期持续地思考。虽然不一定有答案，但可以锻炼你思考的深度。

我的反思方案

传统方案输入过程中，输入框显示和键盘操作距离较远，操作不太方便，新兴的设计方案把输入框和键盘放置在了一起，解决了这个问题，但是信息呈现上，与人们习惯的上下浏览方式相反，需要从下往上阅读。那搜索输入除了这两种方案外，是否还有更好的解决方案呢？我们也不是特别确定，所以最近在桌面搜索场景，设计了一个如下图所示方案。

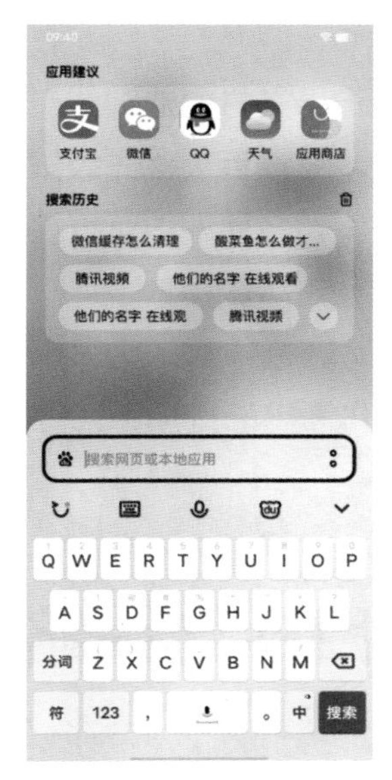

搜索输入页的新方案

看看把搜索框放置在键盘上，但是内容仍然保持正序排列，用户的接受度和数据效果怎么样？灰度数据显示其网页搜索量与线上持平，但本地搜索带来了较大的增长，接下来产品和设计师会围绕这个方案继续迭代创新。

3.5.3　输出问题列表

在走查过程中，需将发现的问题逐一录入“问题走查表”，之后再整理完善其他字段，最终得到下图所示结果。

手机型号：vivo X70 pro；　走查版本：浏览器10.9.1.3.0　走查时间：2022年3月19日　走查核心功能：浏览器搜索

功能范围	流程及界面	问题截图/视频	问题描述	问题严重等级	问题解决思路	问题解决进展
搜索	首页入口		点击无点击态	P3	增加点击态	需求评估
	搜索输入页		删除和隐藏按钮没对齐	P1	研发调整	需求评估
	搜索联想页		键盘上的按钮没有适配	P1	适配	需求评估
	搜索结果列表页		弹出窗口不符合预期	P0	去掉弹窗	需求评估

走查问题表

记录表有以下作用：

（1）把所有的问题存档记录，方便追踪，避免遗漏。

（2）确定问题严重程度，方便后续优先级排期。

（3）给出初步的解决方案，方便评估可行性。

（4）标注解决进展，方便持续跟踪。

作为体验设计师，对本品进行体验走查只是开始，后续还需要结合体验问题的严重性，推动体验优化需求的排期和落地，以确保线上用户能有良好的产品体验。

3.6 制定设计目标与策略

当设计师完成了用户分析、数据分析、竞品分析和本品走查，接下来就应该根据分析结论，结合自身产品资源和优势，总结设计机会点，制定设计目标与策略了。

日常工作中，经常出现设计师套用业务目标作为设计目标，或者把具体行动当作设计目标的情况发生，如下图所示。

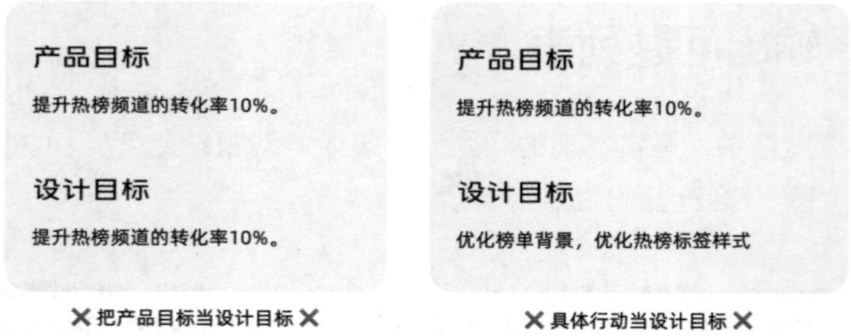

错误的设计目标示意

由此可以反映设计师对目标、业务目标、产品目标和设计目标定义及差异性的错误认知。下面我们将通过目标定义、目标审视、目标拆解这三个步骤，帮助你厘清设计目标的推导思路，并制定合适的设计策略。

3.6.1　目标定义

目标是立足于某时间点，对未来一段时间后可取得的预期结果的主观描述。

这里有 1 个核心关键词：可取得的预期结果，所以它不是具体的行动方案，也不是遥不可及的梦想。

做设计时，设计师通常会接触的目标有四大类：业务目标、用户目标、产品目标、设计目标，我总结它们的关系如下图所示。

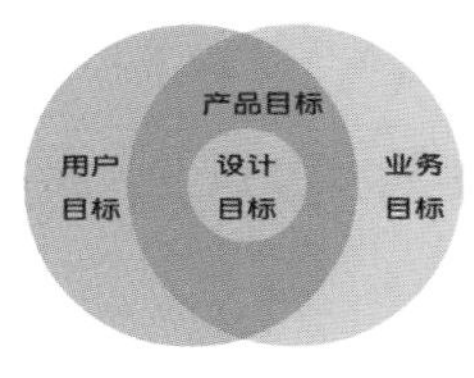

各目标之间的关系

通过产品来满足用户目标（用户需求），从而达成业务目标（盈利）。

产品目标是达成业务目标的重要手段，而设计目标是达成产品目标的一种手段。

举个例子，如下图所示。

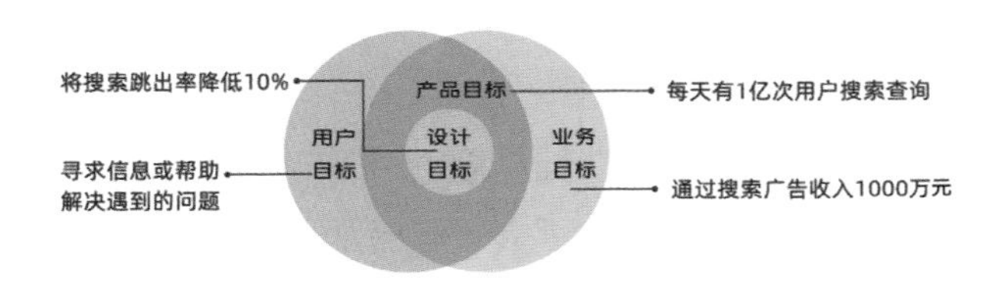

搜索产品各目标之间的关系

用户目标是：寻求信息或帮助，以解决遇到的问题。

业务目标是：通过搜索广告收入 1000 万元。

那么我们可以通过设计一个搜索产品来满足用户目标的同时，达成业务目标。假定每次搜索可以通过广告带来收入 0.1 元，为了达成业务目标，产品必须要保证每天有 1 亿次的用户搜索查询（产品目标）。

作为交互设计师，我们可以通过将搜索跳出率从 18% 降低到 8%，提升搜索完成率，带来搜索次数的提升，从而辅助产品目标的达成。

目标的设定多是围绕多快好省进行的。

多代表数量，比如把日活从 1 亿提升到 1.2 亿，把点击率从 5% 提升到 10%……

快代表效率，比如把启动时间从 0.9 秒降低到 0.7 秒，把任务完成时间从 1 分钟缩减为 30 秒……

好代表质量，比如用户满意度从 4.2 提升到 4.6，把易用性从良提升至优……

省代表成本，比如设计时间从 4 人天变为 2 人天，把 400 万元设计费缩减为 200 万元……

多数业务 / 产品 / 设计目标都可以归类到四大类。

3.6.2 目标审视

因为设计目标是达成产品目标的一种手段。所以在制定设计目标之前，需要先检查和审视产品目标的合理性，以保证我们在做正确的事情。

检查和审视的标准就是目标设定的结构和原则。

目标设定的结构是：

在某段时间 T 内，把 M 指标（从 X）改变到 Y。（当时间 T 和现状 X 大家都比较明确时，可以省略），比如：

（1）在 2 年内，达成 vivo 浏览器商店口碑排名第一。

（2）在 Q3 季度，把浏览器日活从 1 亿提升至 1.2 亿。

（3）通过 V9.0 首页改版，将首页用户满意度从 4.2 提升至 4.6。

（4）在 2022 年年底，把 vivo 浏览器的品牌知晓率从 20% 提升至 30%。

目标设定的原则是 SMART 原则：

（1）Specific，明确具体的。

（2）Measurable，可测量的。

（3）Attainable，可达成的。

（4）Relevant，相关的。

（5）Time-based，有时限的。

以“在 2022 年年底，把 vivo 浏览器的品牌知晓率从 20% 提升至 30%”为例：

浏览器的品牌知晓率，这是明确的、可测量的指标；它与公司核心的指标 NPS 是息息相关的，它的可达成性可以根据具体策略来评估；在 2022 年年底，这是时限；所以这一目标设定就是符合 SMART 原则的。

3.6.3　目标拆解

明确了产品目标，那我们该如何根据产品目标拆解设计目标呢？

我给大家推荐先拆解、再聚焦的目标推导方法。

先拆解，是指遵照 MECE 原则，将大目标拆解成相互独立、完全穷尽的小目标。

再聚焦，是指判断其中哪些环节的 ROI 最高且可以通过设计发挥效力，就集中所有设计资源单点突破。

我们先从拆解讲起，通俗来讲，目标的拆解有两种方法：加法拆解和乘法拆解。

1. 加法拆解

所谓加法拆解，就是将整个目标，像切披萨一样切成许多小块，然后一块一块吃掉，每块披萨吃完了，整个披萨也就吃完了。

比如 vivo 浏览器的日活目标是 1 亿用户。我们可以将这 1 亿日活拆解为主启日活 0.6 亿 +PUSH 日活 0.3 亿 + 短信调起 0.1 亿。这是产品目标常用的拆解方式。

设计目标也同样适用。比如我们要提升搜索的使用频次，可以结合福格行为模型，通过给搜索找场景，增加入口和提示作为触发器，从而达到最终目标，如下图所示。

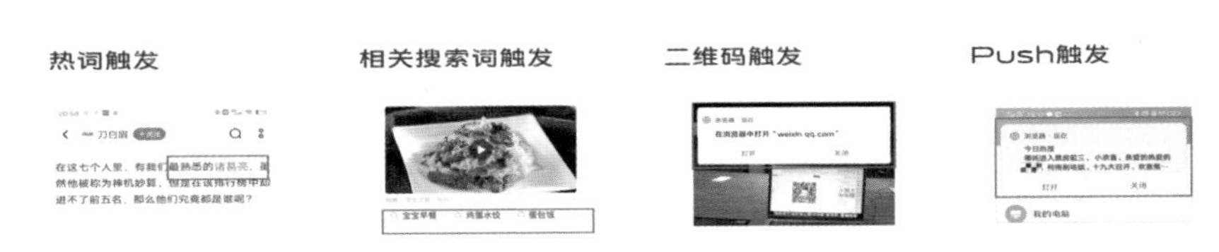

加法拆解案例

我们结合搜索场景，通过文中热词触发、相关搜索词推荐触发、二维码提示触发、Push 触发等 4 种方式，帮助产品目标的达成。

2. 乘法拆解

一个任务的完成通常有多个步骤，如果每一步的转化率提高，整体转化率就会有指数级的变化。

比如 SpaceX 的创始人埃隆·马斯克，他有一个疯狂的火星移民计划：把 100 万人送上火星。2018 年单人运送的费用大概在 100 亿美元，哪有那么多人有 100 亿美元呢？

埃隆马斯克的目标是将成本从 100 亿美元降低至 50 万美元，将成本缩小为原来的 1/20000，那如何能实现呢？马斯克给出了一个公式：

$20000 = 20 \times 10 \times 100$

20 是指火箭载人能力提高 20 倍，从 5 人提升到 100 人。

10 是指火箭发射成本降低为原来的 1/10。

100 是指每个火箭重复使用 100 次，而不是一次性使用。

这样一个看似完全不靠谱的项目，被乘法拆解后就变得可行了，这就是乘法拆解的威力。

在我们做目标拆解时，找到对应的数学公式也可以让任务以指数级速度推进。以 vivo 视频会员营收为例，如下图所示。

乘法拆解案例

vivo 视频会员营收 = 流量 × 转化率 × 客单价

如果我们想在周年庆典时将营收提升 20 倍，可以制定 $20=5 \times 2 \times 2$ 的拆解目标，将流量提升 5 倍，转化率提升 2 倍，客单价提升 2 倍，这三种方式来共同提升整体的销售额。

在真实的项目实践中，我们往往是加法拆解和乘法拆解并用以求得更好的结果，这往往也需要我们先总结出公式：

总目标 = 目标 1（A1 × X1%）+ 目标 2（A2 × X2%）+…+ 目标 N（An × Xn%）

要达成某个目标，可以将达成方式分解成 N 种渠道 / 方法（加法分解），分别用 A1，A2，…，An 表示，每种渠道的完成率用 Xn 表示（乘法拆解），那么各个渠道的累加完成量就是总的目标值。

这样拆解目标的任务就完成了，那如何聚焦呢？

再回到前面讲的公式，结合业务的情况去判断，以目前的资源来看，到底优化哪条渠道，哪个环节，能够以最低的成本带来最快的回报，这样的设计点可以马上投入。其次，拉长周期看，哪一块的投入能长期带来最高的回报，就在哪一块持续研究与探索。

有了这些判断之后，我们可以选择优化某一重点渠道 An 的曝光量，或者具体某个步骤的转化率 Xn% 来达成目标，也可以通过新增渠道，或者同时优化多个渠道的 An 或 Xn% 来达成目标，决策的依据在于预估哪一种优化方式的 ROI 最高。

这就是目标拆解公式所带来的清晰价值判断。

3.6.4　策略制定

根据设计目标制定设计策略，这比较考验设计师的专业知识储备。通常情况下，知识储备越丰富，越能找到合适的策略。策略越适合，方案越优雅。若策略不对，方案几乎没有细看的价值（尤其对于低保真的交互稿而言）。

设计策略是为了达成设计目标而采取的一系列重要的方法、原则和措施。

设计策略的制定需要遵循 5 大原则：

（1）目标性：每一个设计策略都服务于设计目标，都能助力其达成。

（2）配套性：设计策略之间要互相配合，有机结合，以谋求最大的效果。

（3）可行性：每个设计策略都具备技术、资源、商业可行性。

（4）合适性：设计策略要恰到好处，匹配用户的心智模型，不能太标新立异。

（5）灵活性：设计策略在具体的设计过程中，可以根据环境 / 资源 / 技术变化灵活应变。

如果大家在制定设计策略时没有头绪，那是因为大家设计方法论的知识库还太单薄，可以回顾之前设计方法论一章中的设计模型和设计法则来补充武器，以便更从容地应对各种设计挑战。

本节我会为大家介绍 2 套常见的设计策略模型，以提供策略参考。

1. 少快好省的设计策略

以设计目标“少快好省”为例，我给出的设计策略是交互设计 5 定律，如下图所示。

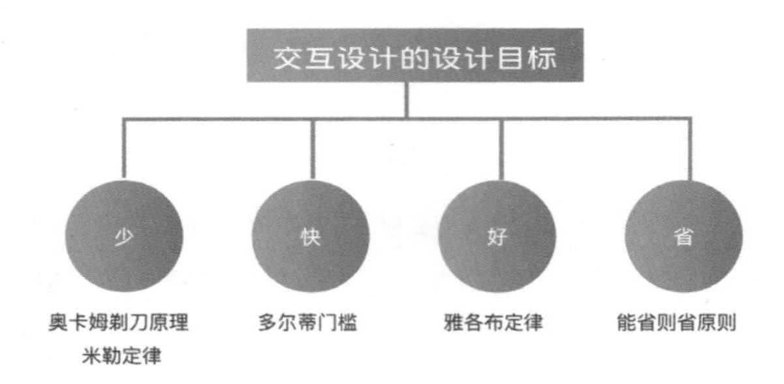

四大设计目标和五大设计定律

这五大交互定律就是实现设计通用目标“少快好省”最基础的设计策略。

在四大目标中，“少”是最重要的，它是“快、好、省”的一个底层基础。

除了前面的 2 个交互设计定律，我们还有哪些丰富的策略可以帮助去达成“少”这个目标呢？借用《简约至上》中的交互式设计 4 策略：删除、组织、隐藏、转移，我们可以很好地实现“简约”（也就是少）这个设计目标。

那在具体执行删除、组织、隐藏、转移的设计策略时，又有哪些设计策略可以达成它们呢？这就回到了《设计法则》章节中的知识点，我们可以通过更细的设计原则来达成删除、组织、隐藏、转移的目标，这样就把设计策略的制定，和前面的设计方法论做了一个很好的串联。

同理，好、快、省的设计策略也可以对应前面的设计原则：

“快”的设计目标对应为响应度而设计，我们可以通过多尔蒂门槛和有意义的动效来达成。

“好”的设计目标相对抽象，为了给用户“好”的感受，我们可以用一致性，也可以用隐喻 / 借喻，还可以顺应用户的生理机制和条件反射，给用户营造自然熟悉的感觉，从而达到好的目标。

“省”的设计目标对应操作前有预期（省心），用户控制原则（省力）和为响应度而设计（省时）。

如果大家的设计目标是少快好省，可以参考这套策略来制定设计策略。

2. 注意—兴趣—决策—行动的设计策略

交互设计本质是对人行为的设计。根据用户从感知到行动的行为发生顺序，我总结了一个无意识行为模型，大家可以根据这个模型，去吸引无目标闲逛的用户，刺激他们的需求，促发他们的行动，从而帮助业务达成目标。

根据感知到行动的发生顺序，我将无意识行为划分为 4 个阶段：

（1）注意。设计师可以通过各种静态或动态的设计元素作为 Trigger，吸引用户注意。

（2）兴趣。当用户视线扫过相关设计元素时，我们需要结合普遍的人类无意识和个人偏好，凸显用户感兴趣的内容，抓住用户注意力。

（3）决策。当用户已经产生兴趣之后，我们可以再利用普遍的人类认知决策心理和外部刺激作为推手，增强用户动机，促进用户决策。

（4）行动。当用户把想法付诸行动时，我们需要尽可能地降低用户的行动门槛，让行为自然而然的顺次发生。

通过这四个阶段的设计，可以引导用户完成特定任务的行为，帮助产品功能转化率的提升。

我将每一个阶段可以采取的设计策略进行了整理，如下图所示。

阶段目标	设计策略
注意	通过4种方式吸引用户注意力 通过运动、人脸、对比(色彩/形状/大小/虚实/投影/情绪)、本能(危险/食物/性）等手段，吸引用户注意力
兴趣	通过三种方式提升用户兴趣 奖赏：虚拟或事物奖励；　相关：与用户相关；　好奇心：引发用户的好奇心
决策	通过6大原则促进用户决策 建立联系:互惠+喜好；　减少不确定性:社会认同+权威；　激励行动:承诺一致+稀缺
行动	通过降低3种符合，让用户行动更顺畅 减少行动障碍：视觉负荷（眼动）、操作负荷（手动）、认知负荷（脑动）

在注意阶段：可以通过 4 种方式吸引用户注意力。

①运动；②人脸；③对比（色彩 / 形状 / 大小 / 虚实 / 投影 / 情绪）；④本能（危险 / 食物 / 性）。

在兴趣阶段：可以通过 3 种方式提升用户兴趣。

①奖赏：虚拟或事物奖励；②相关：与用户相关；③好奇心：引发用户的好奇心。

在决策阶段：可以通过 6 大影响力原则促进用户决策。

①建立联系：互惠 + 喜好；②减少不确定性：社会认同 + 权威；③激励行动：承诺一致 + 稀缺。

在行动阶段：可以通过降低 3 种负荷，减少行动障碍，让用户行动更顺畅。

①视觉负荷（眼动）；②操作负荷（手动）；③认知负荷（脑动）。

如果大家的设计目标是提升用户行为的转化率，也可以参考这套策略来制定设计策略。

从本小结可以发现，设计模型和设计原则是帮助我们达成目标的经典经验总结。当我们所掌握的设计模型和设计原则越多，选择的范围就越大，从中找到更合适的策略的可能性就越大，这也是为什么我们前期要花那么多篇幅介绍设计方法论的原因。

3.7 分析完善需求

在 1.2 节“交互设计师的工作流程”中我们讲过，交互设计师工作的起点是需求分析——代入用户视角，确认并提升需求的合理性。

那如何才能判断并提升需求的合理性呢？

我总结了 3 个步骤：需求理解、设计分析和需求完善。接下来我们将用一个案例来阐释整个需求分析过程。

3.7.1 需求理解

在需求理解阶段，最重要的是做充分的信息输入和确认，避免猜测和自以为是，沟通时态度要友好，挖掘要彻底。

设计师进行需求理解从主动询问需求背景和业务目标开始。设想一下，作为设计师，当你收到业务方这样一句话需求时，你会怎么做？如下图所示。

一句话需求案例

严格来讲，这根本不是一个需求，而是一个解决方案。那到底什么是需求呢？

需求是“理想与现实的差距”，会让人产生“缩小甚至消除这个差距”的渴望。按照马斯洛需求层次论，所有用户需求都可以归纳到生理需求、安全需求、归属和爱的需求、尊重需求和自我实现需求中去，如下图所示。

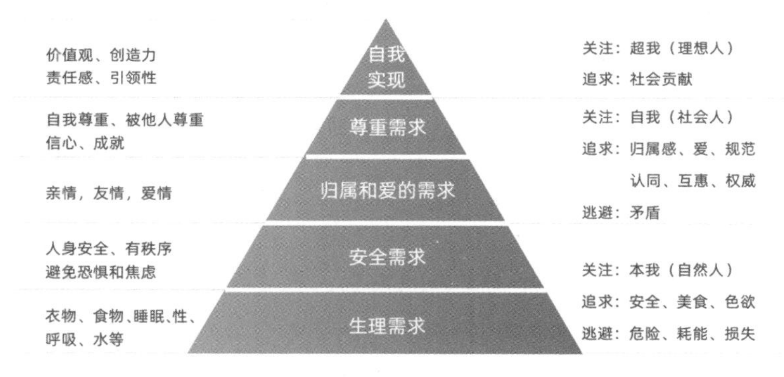

马斯洛需求层次理论

给大家举个经典的案例方便大家理解。

小明：“我需要买一个电钻。”

大毛：“为什么？”

小明：“我想在墙上打个洞。”

大毛：“为什么？”

小明：“我想挂一幅画在墙上。”

大毛：“为什么？”

小明：“因为这面墙太单调了，不喜欢。”

大毛：“为什么？”

小明：“太单调了不温馨，没有家的感觉。”

……

这个电钻反映的是小明的归属与爱的需求。它通过在墙上挂一幅画来实现，而电钻只是实现这个需求的一个工具。如果我们只是卖给小明电钻，小明最终不一定能获得爱与归属感。

再回到我们一开始的案例，对于 PM 想要“强化桌面搜索挂件的 UI 样式”这个“需求”，你会怎么做？

你可以直接交给他如下图所示设计方案（相当于卖给他一个电钻）。

一句话需求的交付方案

光从设计效果来看，设计师交付的方案，确实强化了桌面搜索挂件的 UI 样式，但这满足了 PM 的本质需求吗？

答案是否定的。这是我们曾经一个真实的案例，设计的结果是，新用户桌面搜索挂件的删除率暴增 7 倍，PM 连忙要求回退版本。

那以这个需求为例，设计师该如何去理解需求呢？

这里给大家推荐一个方法——5Why 分析法，如下图所示。

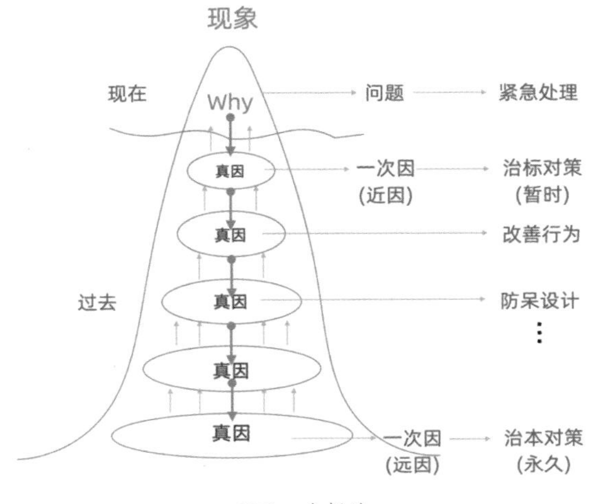

5Why 分析法

5Why 分析法是由丰田公司的丰田佐吉提出，指的是对一个问题点连续以 5 个“为什么”来自问，以追究其根本原因。设计师接到需求后，也建议连续追问多个为什么，直到找到最根本原因。5Why 分析法可以让我们从现象着手，沿着因果关系链条，顺藤摸瓜，直至找出原有问题的根因。

5Why 中的 5 是虚指，如果你在对话中能一直用为什么追问而不显得咄咄逼人的话，就建议一直问。

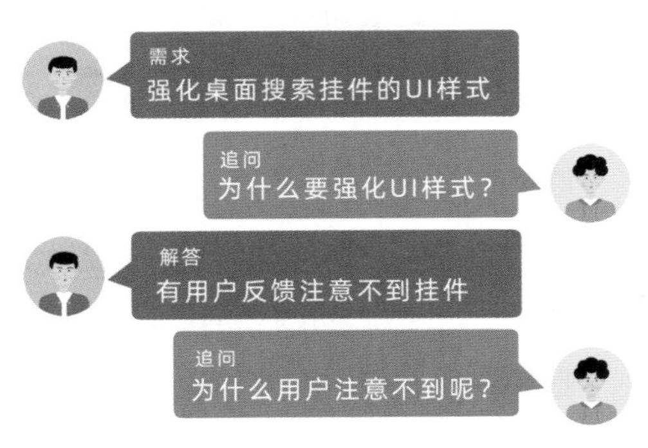

5Why 法追问根本原因

但如果问了几次不适合再问为什么时（有些语境下，一直这么问会让人感觉在找茬，影响情绪和关系，阻碍信息交流），就可以换用 6W 场景公式来询问用户场景，如下图所示。

6W 场景公式

什么类型的用户（Who）在什么时间（When）什么地点（Where），因为察觉到什么提示（What Prompt）而产生什么需求（What Needs），并能够通过什么行为（What Behavior）来满足这种需求。

我们接着看这个案例，如下图所示。

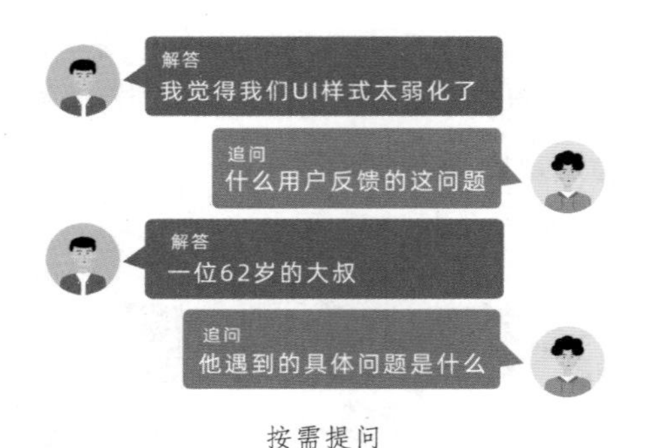

按需提问

我的建议是一旦对方的回答偏主观感受 / 猜测（我觉得……），没有事实依据时，我们就可以换疑问词继续追问客观问题，以获取更多的背景信息。借用 6W 场景公式，我们可以还原用户的使用场景：一个 62 岁的大叔，在桌面浏览时，看到了挂件中的热词，他想要看清看全，于是戴上了眼镜，结果热词已经轮播走了……

需求理解核心就是借用 5Why 分析法和 6W 场景公式，追问项目背景、业务目标，还原用户使用场景，如果下图所示问题都问清楚了，才能算是充分理解了这个需求。

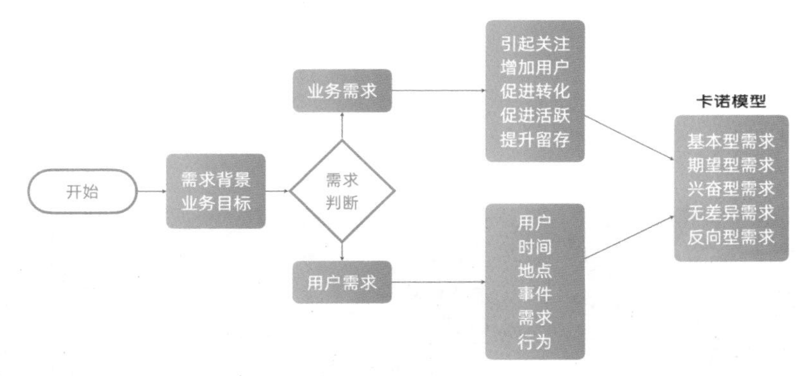

需求理解的流程图

当接到一个需求后，首先要判断这是业务需求还是用户需求，如果是业务需求，需要明确其业务目标是什么？比如引起关注、增加用户、促进转化、促进活跃、提升留存等。如果是用户需求，就需要尽可能还原用户使用场景，比如用户画像、时间、地点、发生的事件、用户的目标、行为等，最后归纳需求类型和价值。

3.7.2　设计分析

参照 1.4 节《交互设计文档的构成》中的要求，设计分析包括数据分析、用户分析和竞品分析，以及通过这些分析推导出的设计目标、策略和衡量指标。

我们还是以挂件样式为例，看看设计师该怎么进行设计分析？因为这个需求来自用户反馈，我们就先追踪了用户调研报告的内容和录音。

1. 用户分析

在用户深访中，2 位中老年用户均反馈字号太小，看不清。

用户 1：62 岁，热词滚动快，有时候得一直按着（挂件按着会放大并停止自动轮换）才能看清并看完热词（用研之前我们都不知道这种解决方式，也真是为难用户了）。

用户 2：58 岁，速度承受得了，就是字体太小了。

从用户反馈来看，不仅字号对中老年用户是个问题，而且热词展示时长对中老年用户也不太友好。

2. 竞品分析

设计师对行业内外 23 个竞品的桌面挂件热词字号进行了分析，如下图所示。

字号竞品分析及总结

发现：热词的字号分布区间为 13 ～ 16sp。其中，45.8% 的竞品使用 14sp，16.7% 的竞品使用 15sp，20.8% 的竞品使用 16sp，仅有 8.3% 的产品使用 13sp，而我们就是其中之一，这是我们跟行业竞品设计的差距。

3. 数据分析

我们查阅了第七次人口普查中中老年人的年龄占比及趋势，再对照后台老年用户的存量数据及变化趋势，如下图所示。

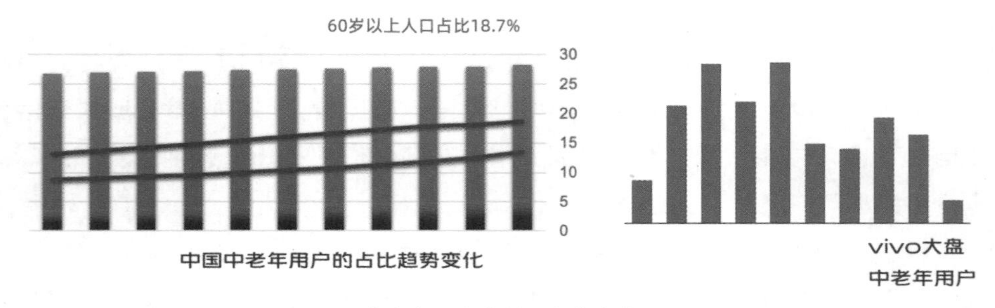

中老年用户存量及趋势变化

（1）根据我国第七次人口普查数据，60 岁及以上人口占比约 18.7%，且还在逐年增大。

（2）在 vivo 存量用户中，中老年用户占比也是 18% 以上，增长趋势与国家大盘相似。

因为中老年用户存量较大，且处于增长趋势，所以需要满足其基本可用性需求（属于卡诺模型中的基本型需求，必须被满足）。

由此我们得出了：

设计目标：提升搜索框及内容的可用性及视觉吸引力。

设计策略：

（1）在保证桌面美观性的基础上加大字号，让用户看得清文字。

（2）增加搜索框的高度、粗细和不透明度，让搜索框更好点击。

（3）延长热词滚动时间、让用户能够读完。

衡量指标：

定性：中老年用户的反馈。

定量：搜索框的点击率，搜索框的删除率。

3.7.3　需求完善

当设计分析完成后，我们可以根据收集整理和分析的信息，重新完善需求背景和业务目标，如下图所示。

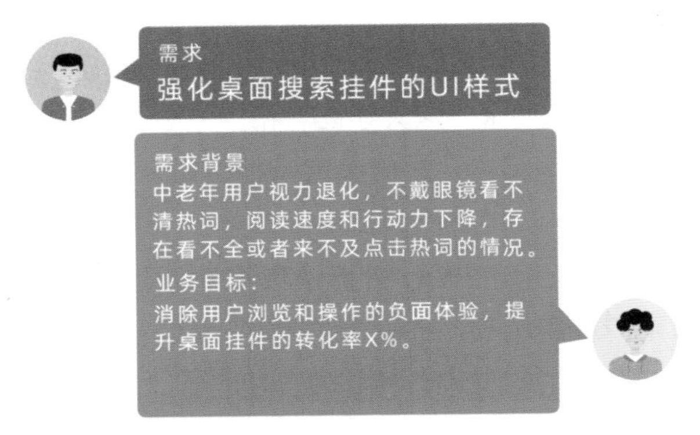

完善后的需求背景和目标

对比一开始的一句话需求，经过设计分析之后的需求是不是清晰了很多，而且设计师可以施展的空间也大了很多，更加有利于最终业务目标的达成。

3.8 本章小结

（1）通过搜索引擎或者报告合集网站收集行业报告，再按照基础框架：行业介绍、行业发展阶段、市场现状、产业链结构、行业竞争态势、商业模式、用户规模等，去整理提炼相关信息，建立行业图谱。

（2）通过问卷调查、用户访谈和可用性测试三种最常用的调研方式收集用户的定量定性数据，建立用户画像，还原用户场景，洞察产品体验问题和用户需求，让设计师能够真正代入用户视角，建立用户同理心，洞察设计机会点和评估体验优先级。

（3）通过数据分析洞察用户对产品功能的优先级，以及用户任务链路的漏损点，以此来重构页面框架布局和提升任务转化率。

（4）竞品分析的结果很大程度上取决于所选择的竞品，所以竞品选择和竞品分析同样重要。竞品分析列举竞品界面和交互形式只是开始，更重要的是提炼共同点、差异点，分析差异背后的原因和利弊，并总结设计机会点。

（5）体验问题涉及本能层次、行为层次和反思层次。在本能层次和行为层次，我们可以将完整的任务流程画出来，然后按照每个界面远观整体→近扫细节→慢移→“慢点 + 对比”的小循环，注意审视全局和细节，尽可能多地发现体验问题。

（6）根据两套设计目标“少快好省”和“注意 - 兴趣 - 决策 - 行动”分别梳理了详细的设计实现策略，方便大家有相似设计目标时，直接借鉴对应的设计策略。

（7）需求理解可以借用 5Why 分析法和 6W 场景公式，追问项目背景、业务目标，还原用户使用场景，挖掘用户需求。然后通过用户调研、数据分析和竞品分析的相关方法和流程，总结设计机会点，制定合适的设计目标与策略，帮助完善产品需求。

04

第 4 章

设计执行与表现

不管是积累设计方法论，还是进行设计分析与洞察，最终都是服务于设计执行与表现的。作为设计师，我们需要在特定的时间里输出合理且适合的设计方案，这就要求设计师具有良好的设计执行力和设计表现力，把我们前期所学、所察，在规定时间内转化成设计方案，让项目成员理解和认同，共同推动设计上线，满足用户目标和业务目标。那作为交互设计师，我们的核心产出有哪些呢？按照用户体验要素，如下图所示。

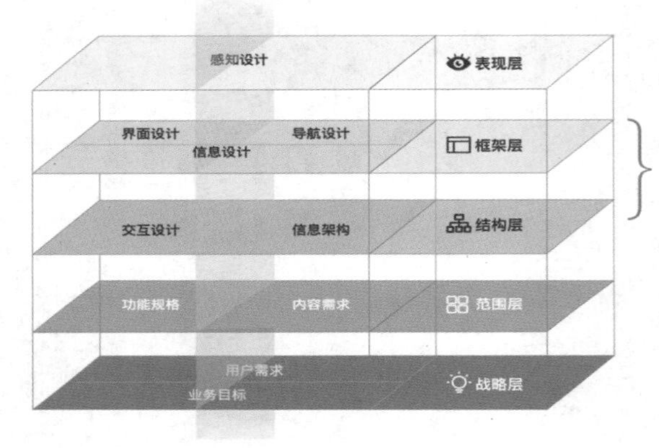

交互设计的核心层次

交互设计的核心层次是结构层和框架层，拆分来看主要包含信息架构、导航设计、交互流程设计、动效设计、界面框架设计、交互细节设计和信息设计。本章我们将深入讲解它们的设计流程和方法，帮助大家提升设计的执行效率和最终设计表现力。

4.1 合理的信息架构

过去 20 多年，互联网高速发展，数据爆炸式增长，我们每天要处理的信息越来越多，但我们的大脑却仍然保持 250 万年前的结构形态。面对日益复杂和臃肿的产品，以及用户有限的处理能力，呈现什么信息，以什么形式呈现的信息架构设计就显得日益重要。只有底层的信息架构梳理清晰了，框架层和表现层才能各归其位、各司其职，成为一个相对合格或者优秀的产品。

既然信息架构这么重要，到底什么是信息架构？它包含哪些要素？我们又该如何进行信息架构设计呢？

4.1.1　信息架构的定义

信息架构（Information Architecture），简称 IA。1976 年，瑞查德·索·乌曼在担任美国建筑师协会会长时创造了“信息架构”一词，用来应对当代社会信息的不断增长。“信息架构”是一种使问题变清晰的方式，它的主体对象是信息，通过对信息结构、组织方式进行归类重组、重命名，以便让用户更容易查找和管理信息。

对于信息架构，不同的组织有不同的定义：

在《信息架构——超越 Web 设计》一书中，对信息架构的定义如下：

- 共享信息环境的结构化设计；
- 数字、物理和跨渠道生态系统中的组织、标签、搜索和导航系统的合成；
- 创建信息产品和体验的艺术及科学，以提供可用性、可寻性和可理解性；
- 一种新兴的实践性科学群体，目的是把设计和建筑学的原理导入数字领域中。

我认同上述定义，因为它清晰地定义了信息架构的范围和目标。不过对于多数人来说，这个定义都太复杂了，很难记住。所以我更愿意这样定义信息架构：信息架构就是对信息进行合理的重构、重命名和导航设计，以便让用户更容易查找和管理信息。重构对应上述定义中的组织系统、重命名对应标签系统、导航设计对应搜索和导航系统。

4.1.2　信息架构的构建方式

信息架构有 3 种构建方式：自上而下、自下而上和综合运用，如下图所示。

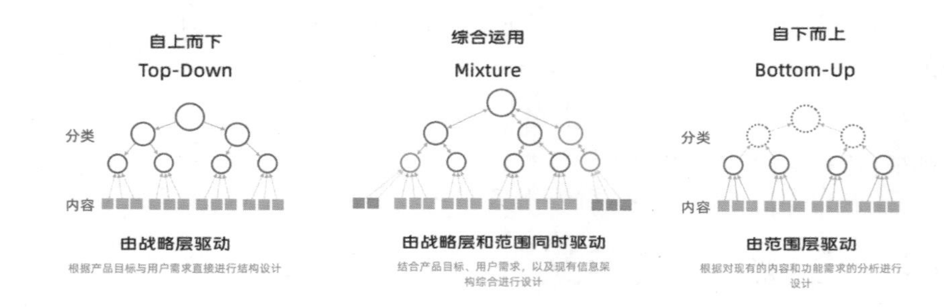

信息架构的构建方式

1. 自上而下的构建方式

自上而下的构建方式是由战略层驱动的，根据产品目标与用户需求直接进行结构设计，通常在新产品规划或者产品转型时会用到。先从最广泛的、最有可能满足目标的内容及功能开始分类，再依据逻辑细分次级分类，对应MVP的设计思路，先确定核心组织结构，再将内容和功能按顺序填入。这种自上而下的构建方式很有可能忽略某些现有内容，导致现有内容 / 功能无法合理地纳入规划架构。

2. 自下而上的构建方式

自下而上的构建方式是由范围层驱动的，按照逻辑关系和用户认知，对现有的内容和功能进行分类重组形成新的产品架构，以契合当下的用户需求和业务目标，这是项目实践中最常用的一种方式。但因为完全是基于现有用户和产品的，所以一旦有新需求 / 新内容引入，结构就很可能不兼容。

3. 综合运用的构建方式

正因为自上而下和自下而上都有其明显的缺点，所以理想的构建方式是综合运用，同时从战略层和范围层进行驱动，以构建一个适应性强的系统，也就是我们常说的系统的拓展性，拓展内容既可以成为现有结构的一个分支，也可以与现有结构独立并行。

信息架构的基本单位是节点，节点可对应任意信息要素或信息要素的组合，所以节点颗粒度可大可小，大可以是一个功能或界面，小可以是一个字段或图标。

4.1.3 信息架构的结构形态

信息架构有 4 种常见的结构形态：层级结构、矩阵结构、自然结构和线性结构，如下图所示。

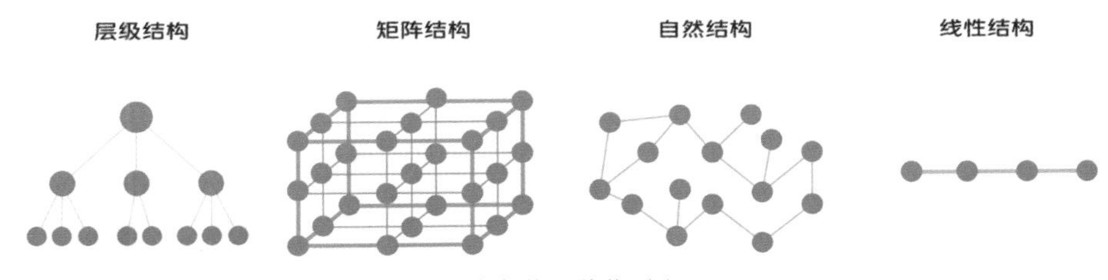

信息架构的结构形态

1. 层级结构

又叫树状结构或中心辐射结构，它的每个节点都与其他某个节点形成父子关系，每一个节点都有父节点，但不一定有子节点，最顶层的父节点被称为根节点。

它的优点是：结构清晰，关系明确，有一定的冗余度和扩充性。缺点是：改变父级结构，必然会影响其子级。

层级结构的适用场景非常广泛，是互联网产品中最通用的一种结构，它既可以用于产品主结构，也可用于产品子模块。

比如美图秀秀的宫格形式，设置的列表形式、官网分类的导航栏形式，都属于层级结构的运用，如下页图所示。

2. 矩阵结构

矩阵结构允许用户沿着两个或多个维度在节点之间移动，最终都可以帮助用户找到想要的信息。矩阵结构的优点是：支持从多维度触达同一内容，也可以从同一内容了解多维信息，信息触达快捷、丰富。缺点是：内容信息较为复杂，学习成本较高。矩阵结构适用于属性较多的产品和功能。比如点评的美食列表，不同用户对美食偏好不同，所以点评提供了多种筛选和排序方式，方便用户快速找到符合要求的美食，也可以根据某一个美食关联查找到整个类别的其他美食，如下页图所示。

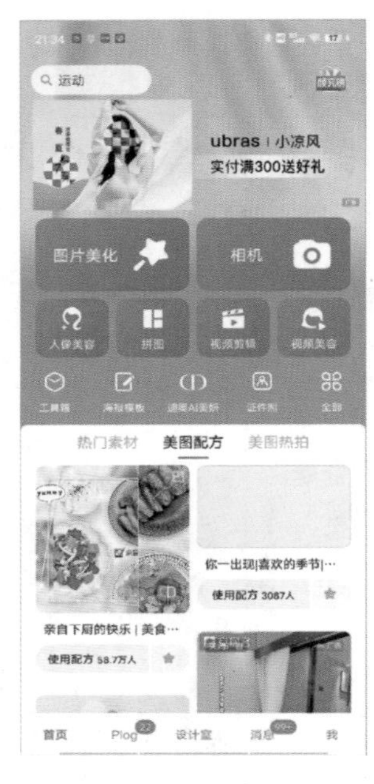

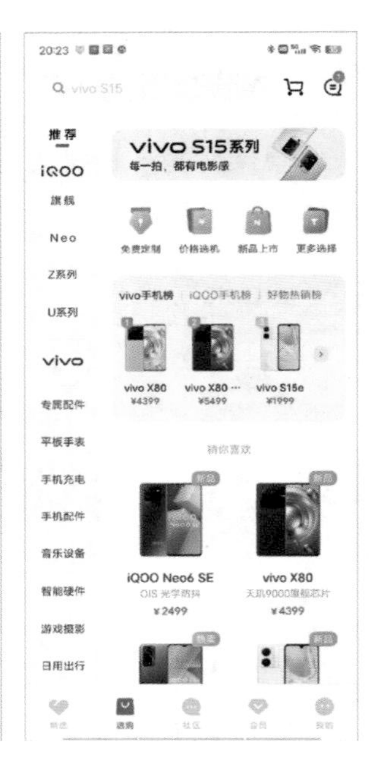

层级结构的案例

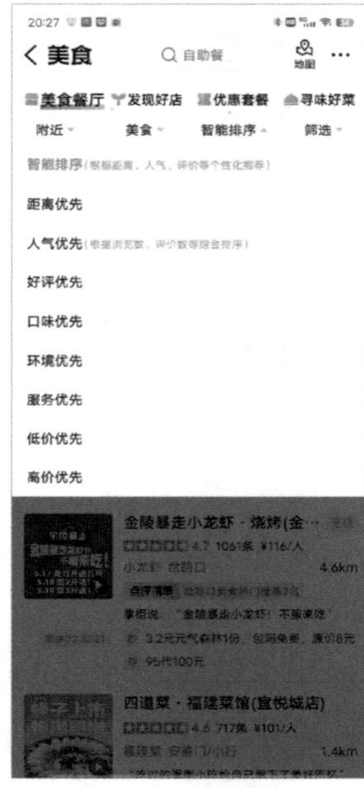

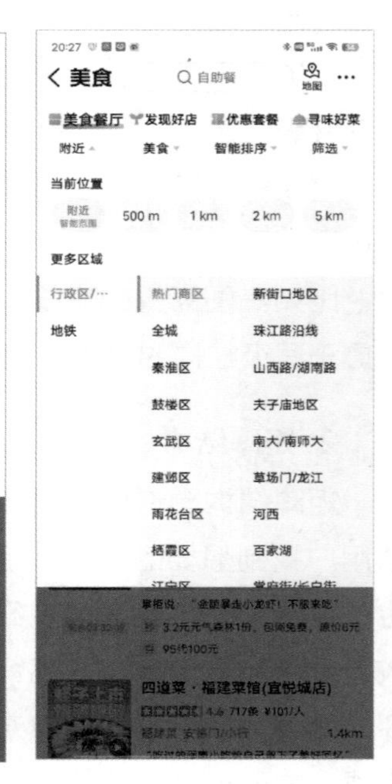

矩阵结构的局部示意

3. 自然结构

自然结构不遵循任何一致的模式。节点被逐一连接起来，节点与节点之间有联系，但没有分类。

自然结构的优点是：自然流畅，接近现实认知。缺点是：随机性，用户不可控，再次查找困难。常用于子模块，探索一系列关系不明确或一直在演变的内容。比如各产品的推荐模块，如下图所示，推荐内容之间并无明确的归属或分类关系，你永远不知道下一刷会出现什么。

自然结构案例示意

4. 线性结构

在线性结构中，用户不能随意跳转，只能一步一步按顺序浏览对应的信息。

线下的传统媒体：书、文章、影视都是线性结构。它的优点是：简单易懂，易操作。缺点是：拓展性有限，用户控制感较差。常用于小的节点，比如新功能引导、H5 活动等，如下图所示。

H5 活动线性结构案例示意

除了 H5 活动和新手引导，很多教育类产品为了保证学习难度的递增性，通常也会采用线性结构。

4.1.4 信息架构梳理

有了构建方式为指导，结构形态为目标，我们就可以结合设计分析的洞察，开始梳理产品的信息架构了。

在产品中，信息节点有大小之分，信息架构也有宏观和微观之分。宏观的信息架构即整个产品的信息架构，只有重大战略调整才涉及产品信息架构的修改，通常都是由资深或专家设计师牵头，并且与主产品多次讨论确认，最后由老板审批才能调整，这对整个产品体验和业务影响都非常大。

微观的信息架构则是关于某些具体页面或功能的，每个设计师都会遇到。不管是宏观还是微观，我们都可以按照下页图所示思路进行梳理。

以业务侧在范围层提供的信息范围为基础，通过竞品分析（了解竞品的信息架构和命名），结合本品现有信息架构的数据表现（了解信息的使用频度），再配合用户调研（通过用户问卷或者卡片分类，了解用户对信息归类组织的心智模型），最后利用逻辑推理，可以推导出适合我们产品的信息架构和任务流程。

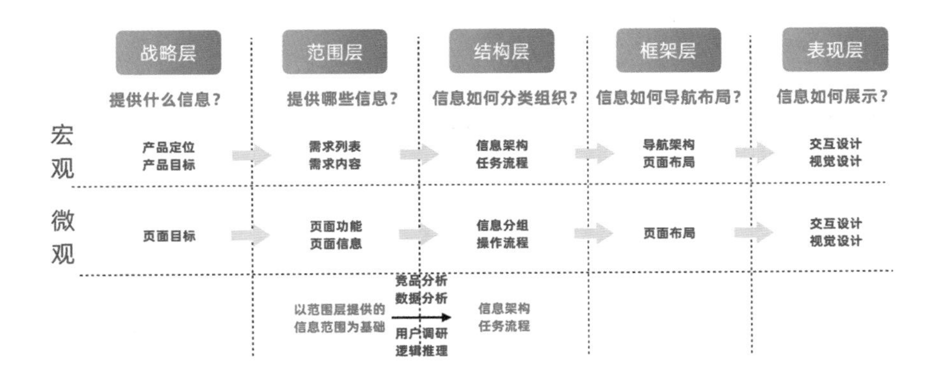

梳理信息架构的过程

以浏览器的设置页信息架构为例，设计师在进行信息架构梳理时，首先将产品现有的所有功能选项都罗列出来，然后运用交互设计四策略，把不必要的选项（比如文字编码、插件等）进行删除，然后再根据产品规划，把即将上线的功能选项（比如已收集个人信息清单等）纳入其中，再对所有选项进行分类重组（综合运用的构建方式）。当信息结构梳理完成以后，再根据用户认知和习惯，对每一个选项的命名进行了审视和修改（比如 UA 标识改为网页显示模式），并按照用户使用频度，对选项内容的前后顺序进行调整（比如将高频的首页设置、主体设置提前显示），最终完成了设置页的信息架构梳理，如下页图所示。

信息架构图是交互设计的过程产物，它的呈现形式相对简单，大家可以用思维导图工具快速的输出，重点是对信息架构的思考——对现有信息架构的重构、重命名和导航设计。

因为用户价值 = 新体验 - 旧体验 - 替换成本，信息架构变更会改变用户习惯，导致替换成本增加，所以如果新体验没有显著优势，不但不能提升用户价值，反而会带来大量用户投诉。

当涉及信息架构调整时，设计师一定要慎重思考其必要性和价值。在确认新架构的价值优势之后，再按照上述构建方式、结构形态，从源头上梳理要呈现哪些必要信息，如何组织它们让信息结构更合理清晰？如何对它们进行命名和导航设计，以便用户可以很直观地感知到产品各功能的可见性、可理解性和操作的掌控感。

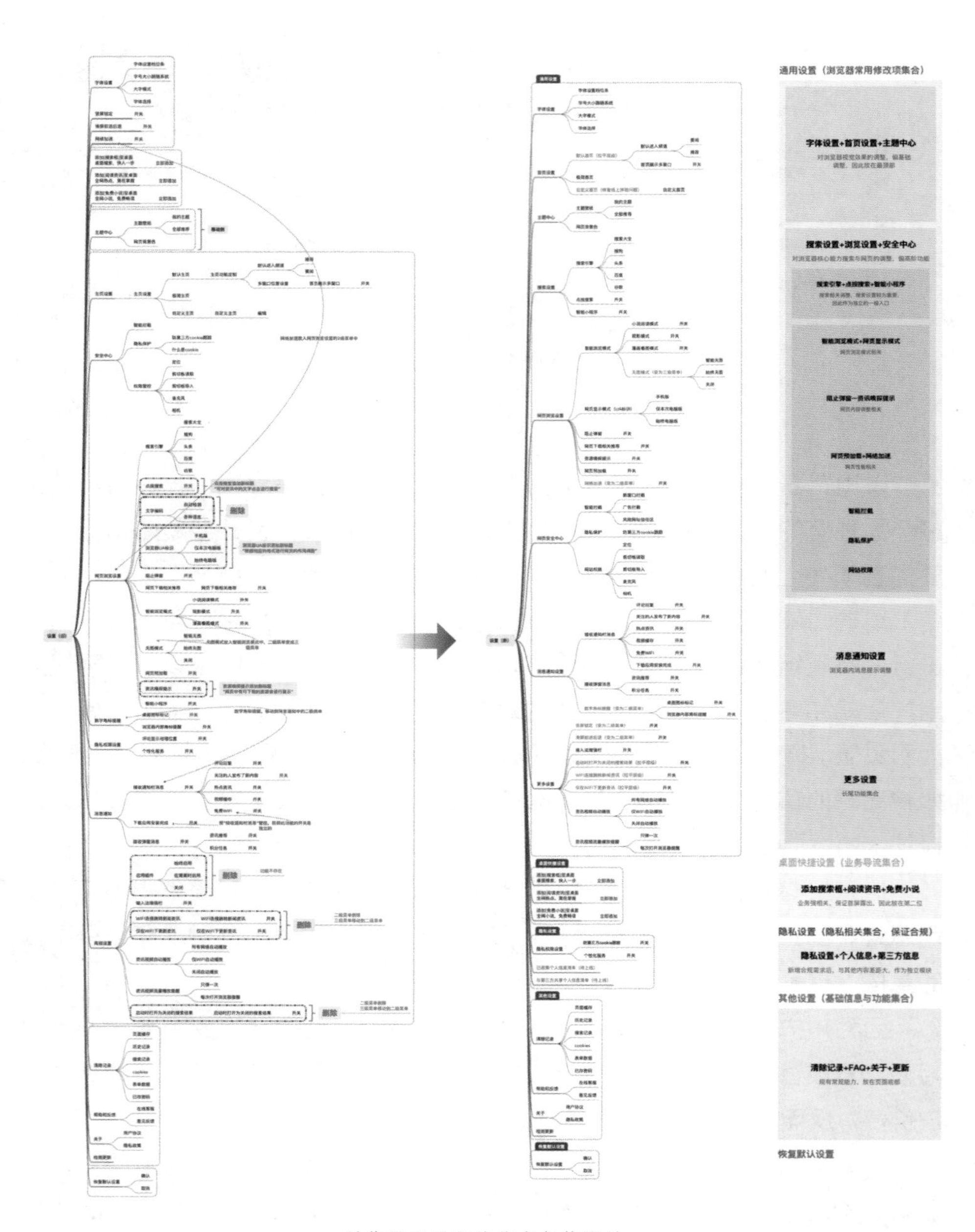

浏览器设置页的信息架构设计

扫码看大图

4.2　清晰的导航设计

导航的英文是 Navigation，是 Navigate 的名词形式，源于 16 世纪 30 年代，由词根 Navis（船）+agere（驾驶）组合而成，指的是借助某些科学仪器，找到从一个岛屿到另一个岛屿的路径。互联网产品导航，虽然脱离了物理空间，但导航的本质始终不变。

导航本质：告诉用户“我”在哪里（起点）？“我”能去到哪里（目标）？“我”该怎么去（路径）？

基于此，导航设计一定要能清晰地体现用户当前所在的位置（一般用选中态表示），并通过其他未选中的导航，来告知用户可以去的目标，再通过最简单的点击或滑动等操作让用户到达目的地。

因为导航系统设计会强依赖信息的组织结构，并受制于产品所在的软硬件系统，还需要符合用户的习惯和目标，所以我将从信息架构、导航形式、导航路径优化 3 个方面为大家介绍导航设计。

4.2.1　确认信息架构

导航设计是以信息架构为基础的，所以在进行导航设计之前，我们需要将范围层提供的所有信息进行分类、命名，输出合理的信息架构。

以微信的部分功能 / 信息为例，我们将信息进行分类、整理、命名形成了如下图所示的组织系统，让信息与信息之间的逻辑关系一目了然。

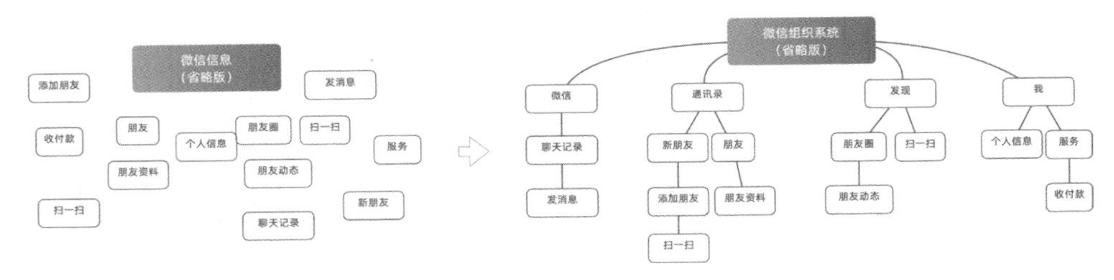

从信息到信息结构

这里大家可以参考行业竞品的信息架构，结合业务对产品的规划，辅助以卡片分类的方式，整理出最合适的信息架构。

小贴士：为了提升导航的易用性，建议导航的广度最好不超过 5px，深度不超过 3px。这样符合米勒定律，用户的选择压力较小，也不容易迷失在较深的路径中。当然这只是一个建议，优先要保证的还是信息结构的合理性，不能为了满足上述条件而破坏信息之间的逻辑关系，时刻牢记认知成本要大于操作成本，不能为了降低操作成本而增加认知成本。

4.2.2 选择导航形式

以移动端导航设计为例，为大家介绍常见的 10 种导航形式，如下图所示。

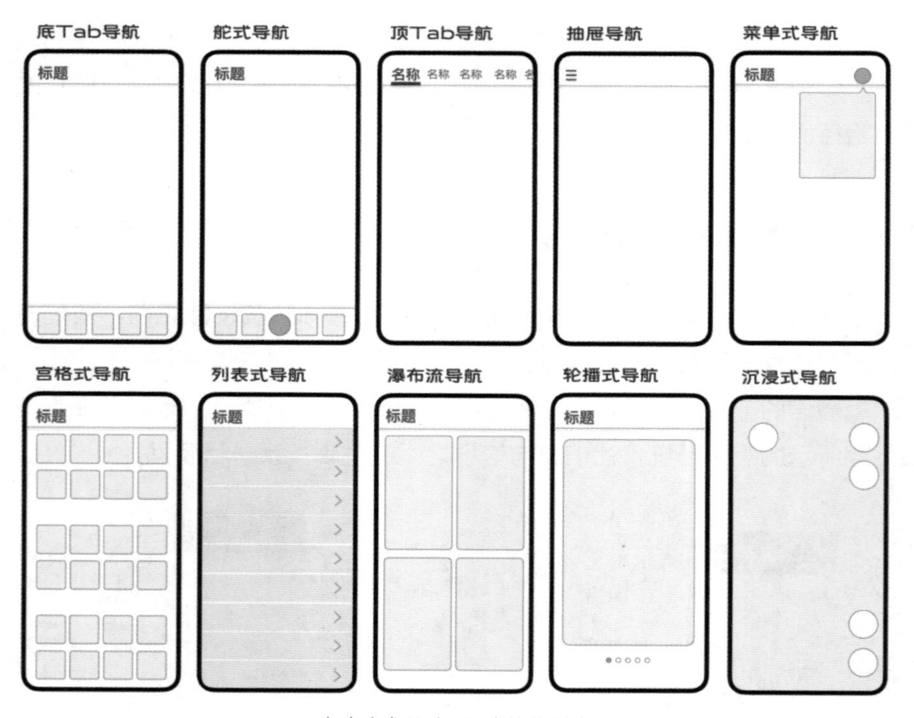

移动端常见的 10 种导航形式

大家可以根据它们的优缺点和适用场景按需选用。

1. 底 Tab 导航

底 Tab 导航在 iOS 中称为标签导航，在 Android 中称为底部导航，我将其称为底 Tab 导航，它是 iOS 最倡导和常见的导航形式，现在也全面征服了 Android 系统。目前大家常用的主流 App 大多采用底 Tab 导航形式，如下图所示。

底 Tab 导航案例

优点：在底 Tab 中直观地展示了产品的核心功能，点击切换，方便快捷。

缺点：只能容纳 3 ～ 5 个模块，数量有限。

使用场景：产品包含 3 ～ 5 个需要高频切换使用的非同类型模块时可用。

2. 舵式导航

舵式导航可以看作底 Tab 导航的一个变体，区别就在中间的导航像船舵一样突出，如下页图所示。

优点：舵式导航特殊的造型和颜色可以很好地吸引用户注意力，促进功能转化。

缺点：为了让舵居中，导航个数只能为 3 个或 5 个，数量有限制。聚合多个发布类功能时，需要二次选择，操作不够便捷。

舵式导航

使用场景：对于强调 UGC 类的产品或者特别高频的操作可以使用。

3. 顶 Tab 导航

顶 Tab 导航最开始是 Android 推出用以抗衡 iOS 底 Tab 导航的，抗衡结果大家已经有感知了。但顶 Tab 导航并没有因此而消失，而是重新找到了自己作为次级导航的生态位，如下页图所示。

优点：可以承载 2 ～ N 个导航，可拓展性强，手势滑动切换方便快捷。

缺点：顶部点击不方便，手势切换有学习成本，看不见的导航内容不容易被发现和使用。

使用场景：作为主导航几乎已被底 Tab 取代，作为次级导航非常常见，特别是有多个并列层级的内容需要展示时。

顶 Tab 导航

4. 抽屉导航

如果产品只有一类核心展示的内容，可以用抽屉导航而不用底 Tab 导航，以最大限度地利用屏幕空间，如下图所示。

抽屉导航

优点：可拓展性强，可以收纳多个不常用的功能，释放屏幕展示空间。

缺点：被隐藏的功能不容易被发现和使用。

使用场景：某些核心功能比较单一的产品，或者跟底 Tab 导航组合使用，收纳不常用的功能。

5. 菜单式导航

跟抽屉导航类似，把一组操作收纳到一个地方，用户可以点击快速选择，如下图所示。

菜单式导航

优点：可拓展性强，可以收纳多个功能，释放屏幕展示空间。

缺点：被隐藏的功能不容易被发现和使用。

使用场景：当页面功能较多，无法全部直接展示时，可以使用下拉菜单统一收纳。

6. 宫格式导航

早期比较流行的主导航，现在是比较常用的局部导航，如下图所示。

宫格式导航

优点：信息层级扁平，个数较少时，核心功能一目了然，用户选择成本低。

缺点：个数较多时视觉认知成本、查找成本都很高，进入功能后切换成本也高。

使用场景：平台类产品的核心功能展示，或者普通产品的重要功能 / 运营入口。

7. 列表式导航

对于主要以文本为载体的产品，采用列表式导航非常常见，比如短信、邮件、记事本、设置等，如下页图所示。

优点：有足够的文本 / 图标显示空间，可以显示标题和辅助文字，传递的信息内容相对丰富、直观，而且可以显示多条内容。

缺点：整体页面信息会比较密集，页面布局相对呆板，条目多时查找会比较困难。

使用场景：适用于展示多条以文本为主体的内容。

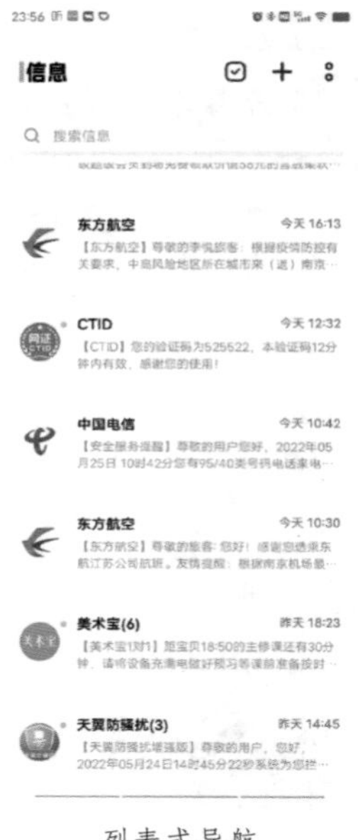

列表式导航

8. 瀑布流导航

对于主要以图片 / 视频为载体的产品，采用瀑布流导航的非常常见，比如花瓣、淘宝、bilibili、点评，如下图所示。

瀑布流导航

优点：能够凸显图片的吸引力，让用户聚焦在图片上，促进内容的转化。同时可以承载无限多的内容，自动加载不翻页，增强用户浏览的沉浸感和效率。

缺点：屏幕空间占用较大，依赖信息推荐的精准度。

使用场景：适用于展示多条以图片 / 视频为主体的内容。

9. 轮播式导航

当产品 / 模块提供的信息足够简单扁平，一屏即可显示全部核心信息时，可以采用整屏轮播或区域轮播的导航形式，如下图所示。

轮播式导航

优点：操作简单，信息呈现直观。

缺点：未轮播的信息曝光率和转化率都比较低。

使用场景：简单的小工具类产品可以整屏显示核心信息，运营广告位可以区域轮播展示。

10. 沉浸式导航

在活动类、游戏类产品中，常常采用沉浸式导航，增强用户沉浸感，如下图所示。

沉浸式导航

优点：导航与页面融为一体，视觉感受沉浸，页面更有吸引力。

缺点：用户可能注意不到某些是内容的元素，导致该元素的转化率较低。

适用场景：活动类、游戏类的产品中。

对常见导航有认知后，就可以根据信息架构中核心功能的个数和优先级，结合各导航的适用场景、个数限制、内容丰富度、功能可见性、操作便捷性等，选择最合适的主导航、次级导航和局部导航形式，如下图所示。

导航形式	底Tab导航	舵式导航	顶Tab导航	抽屉导航	菜单式导航	宫格式导航	列表式导航	瀑布流导航	轮播式导航	沉浸式导航
适用场景	主导航	主导航	次级导航	次级导航	次级导航	局部导航	主导航/次级导航	局部导航	主导航/局部导航	主导航
个数限制	3~5	3~5	2~N	2~N	2~5	1~3排	2~N	N	3~6	1~6
内容丰富度	图标+文字	图标+文字	文字	图标	图标	图标+文字	图标+名称+（多种）辅助文字	图片+名称+（多种）辅助文字	图片+名称+（多种）辅助文字+页面指示器	自定义
功能可见性	高 ★★★★★	高 ★★★★★	中 ★★★☆☆	低 ★☆☆☆☆	低 ★☆☆☆☆	中高 ★★★★☆	中高 ★★★★☆	中 ★★★☆☆	中低 ★★☆☆☆	中 ★★★☆☆
操作便捷性	高 ★★★★★	高 ★★★★☆	中高 ★★★★☆	低 ★☆☆☆☆	低 ★☆☆☆☆	中高 ★★★☆☆	中高 ★★★★☆	中高 ★★★★☆	中高 ★★★★☆	中 ★★★☆☆

导航总结

前面我们讲过，底 Tab 导航形式是最常用的，因为它可以同时曝光 3 ～ 5 个高频功能，而且用户点击操作方便，学习成本低，利于其他功能的转化，后续拓展还可以搭配抽屉导航、顶 Tab 导航、菜单式导航混合使用，如下图所示。

微信所采用的的导航形式

因为底 Tab 导航的适用场景、便捷性、可拓展性都比较好，所以大家在设计导航时，可以优先考虑。

4.2.3　优化导航路径

信息架构梳理了信息节点的层级关系，但从用户角度，有些末级节点的功能使用频率反而更高。为了让用户能够便捷地使用它们，需要结合用户场景优化导航路径，在合适的场景下添加一些快捷入口，以提升用户操作效率和体验。以微信的导航设计为例，因为添加好友、扫一扫、收付款的重要性和使用频率，微信特地在 3 个 Tab 右上角都增加了一个菜单导航，方便用户能更快捷地触达这些功能。

因此，导航设计不是对信息架构的直接表达，还需要结合平台特性，选择合适的导航形式，并根据用户的目标、认知和习惯，添加一些快捷导航方式，以便让用户更直观地知道“我”在哪，“我”可以去哪，以及怎样能更便捷地去到目的地。

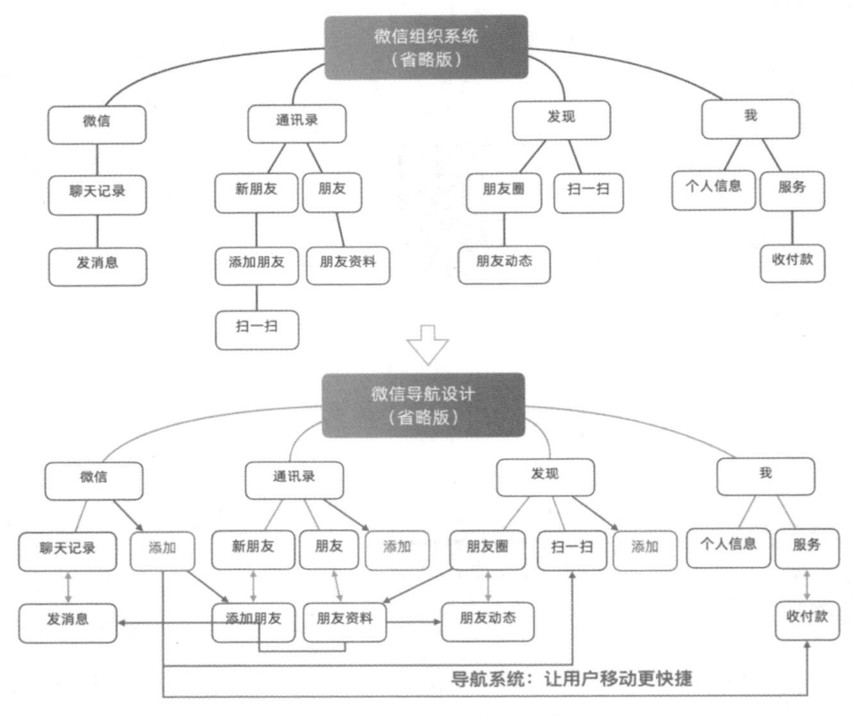

添加菜单导航实现快速导航

4.3 便捷的流程设计

用户带着特定的目标打开产品，通过一步步的操作完成任务实现目标。在这个过程中，寻找入口 + 操作 + 反馈 + 操作 + 反馈 +……直到任务结束，其间所有的交互元素、交互方式、交互反馈就属于交互流程设计。

交互流程设计，核心就是对交互对象（跟谁交互）、操作（交互方式）、反馈（交互结果）的设计。它是用户与产品交互的完整链路，好的流程设计不仅能够帮助用户完成目标，提升业务指标，而且还能给用户带来愉悦甚至惊喜。

交互设计的本质是对用户行为的设计，通过对产品交互流程的设计来实现对用户行为的设计。

交互流程设计可拆分为 4 个步骤，如下图所示。

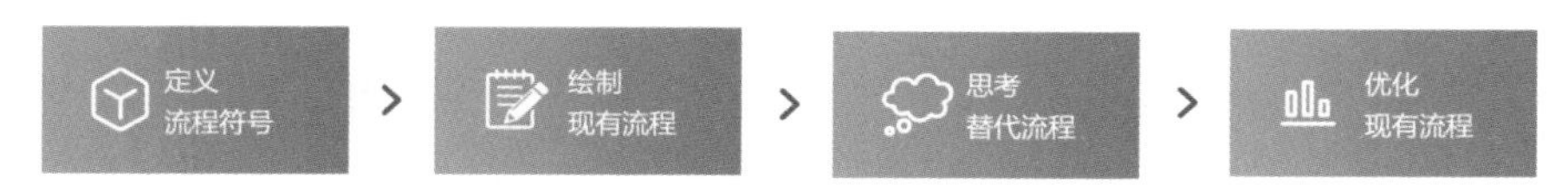

交互流程设计的 4 个步骤

大家可以参照这 4 个步骤来设计合理且创新的交互流程。

4.3.1　定义流程符号

为了让项目成员直观地理解交互流程，我们需要借助流程符号来绘制流程图，让交互流程可视化。

流程图，是以特定的“图形符号 + 辅助说明”，表示某一任务过程具体步骤和方向的图。一般包括起始、输入、判断、处理、输出与终结等基本节点及执行逻辑，如下图所示。

流程图的符号示意

以圆角矩形表示“开始”与“结束”，矩形表示“操作”，菱形表示“判断”，平行四边形表示“输入 / 输出”，箭头表示“工作流方向”等。

我个人习惯在标准流程图的基础上，增加一个“页面”节点，让流程图更直观地还原用户操作的路径图。同时，还为不同节点赋予了不同的颜色，方便项目成员通过颜色快速识别起始节点和中间节点。

在呈现流程图时，为了让所有项目成员都能理解流程图，一定要对流程图进行图例解释，保证大家对流程图理解的共识，如下图所示。

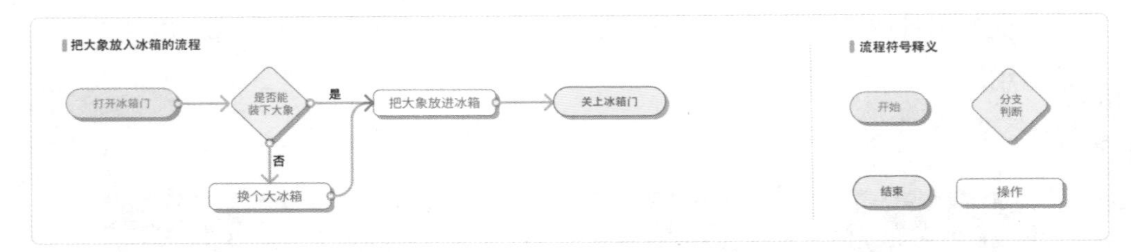

流程图及符号释义

交互设计师在表达用户交互流程时，可以用抽象的符号流程图，也可以用具象的界面流程图。界面流程图还原用户真实看到的界面，看起来更直观，比较适合分支流程少且步骤相对短的流程。符号流程图则更抽象概括，在表现多步骤多分支的复杂流程时更有优势，能够让项目成员聚焦到流程本身，判断思考其合理性，避免界面带来的干扰。

此外，绘制流程图还可以帮助设计师总览全局，洞察审视流程中存在的问题，避免遗漏分支流程，思考流程创新。

4.3.2 绘制现有流程

定义好流程符号后，就可以用这些符号，绘制还原产品当下的用户交互流程，如下图所示。

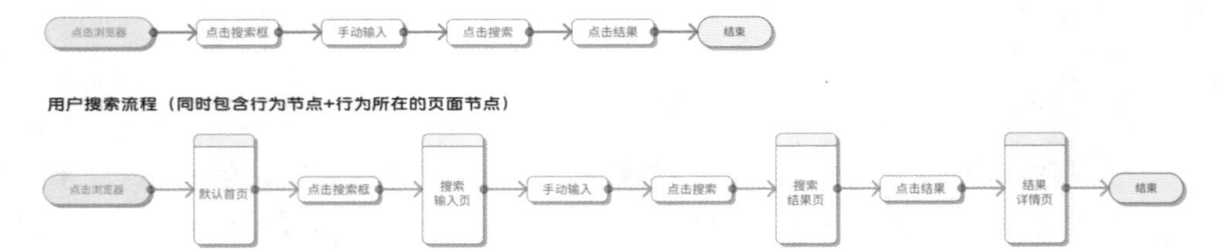

搜索的核心流程

用户想要在浏览器中进行搜索，需要经历点击浏览器→点击搜索框→手动输入→点击搜索→点击结果，这几步核心操作才能达成目标。

主流程绘制结束后，再把分支流程逐一加入，直到所有分支流程完全穷尽为止，如下图所示。

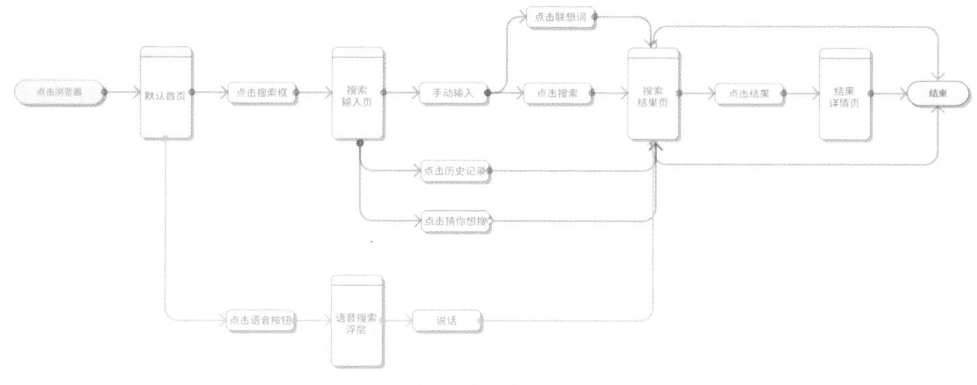

搜索的全部流程

对于刚接手的新业务 / 新产品，建议设计师可以用这样的方式来了解和还原产品的逻辑全貌，增强自己对产品设计的全局掌控感，为后续的交互流程优化奠定基础。

4.3.3　思考替代流程

当现有流程绘制完成之后，审视起点（启动浏览器）和终点（找到想要的结果），思考为了达成目标，是否有其他（更便捷的）流程。

这一步会比较难，所以很容易被设计师跳过，因为并不是每次思考都会有结果。但这一步其实更有价值和意义，只有我们时刻都想着这一步的优化，才有可能产生创意顿悟，萌生新的解决方案。所以建议大家一定要多花点时间，持续思考，头脑里思考得多，排列组合得越多，某个对的组合就更有可能诞生。

全新的替代流程，往往具有创新性。比如 QQ 的“一键消除所有未读消息”的设计，如下图所示。

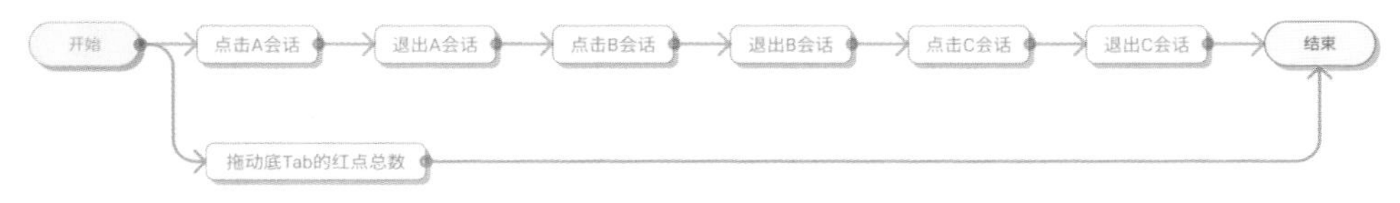

QQ 的“一键消除所有未读消息”的流程设计

把原来至少 2 步，最多 $2N$ 步的操作步骤，缩减为极致的一步，让我每次面对微信的众多小红点时都无比怀念。

再比如登录流程，“本机号码一键登录”也是一种非常创新的方式，如下图所示。

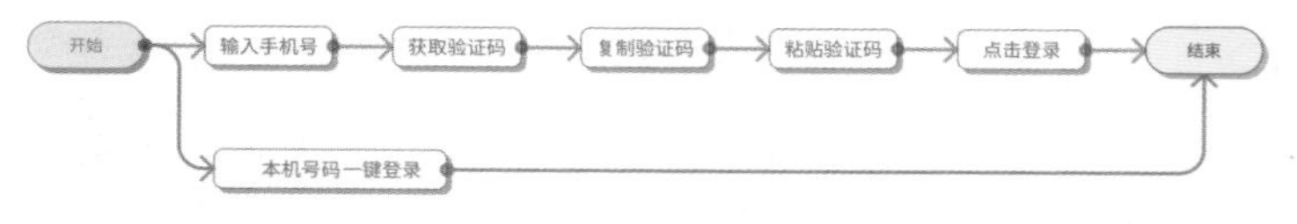

“本机号码一键登录”的流程设计

把原来烦琐的登录流程缩减为极致的一步，大大提升了用户的登录意愿和产品的登录完成率。

回到我们的浏览器搜索场景，除了前面提到的文本搜索的典型搜索流程，还有什么便捷的流程替代方式呢？相信大家很容易想到语音或者图片搜索等方式，我们可以把这算作第一类，如下图所示。

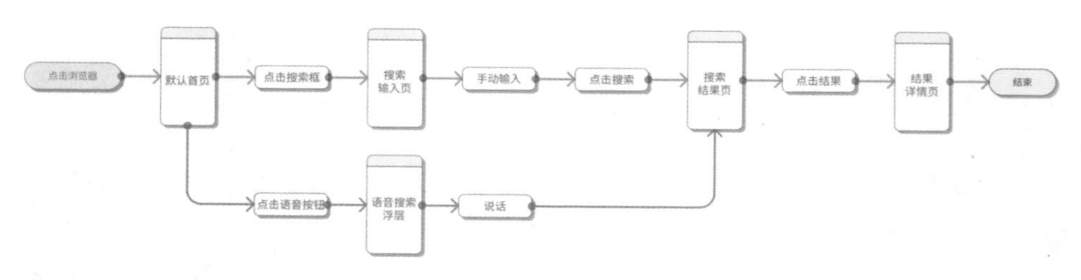

语音搜索流程

除了语音、图片搜索，还有更便捷的搜索方式吗？

我们可以回顾一下场景化设计中提到的前置行为角度，如果我们检测到用户刚刚复制了某个网址，那当用户打开浏览器时，我们猜测用户大概率是要打开复制的网址，所以可以在首页出现一个打开复制网址的提示，从而实现一键打开网址，如下图所示。

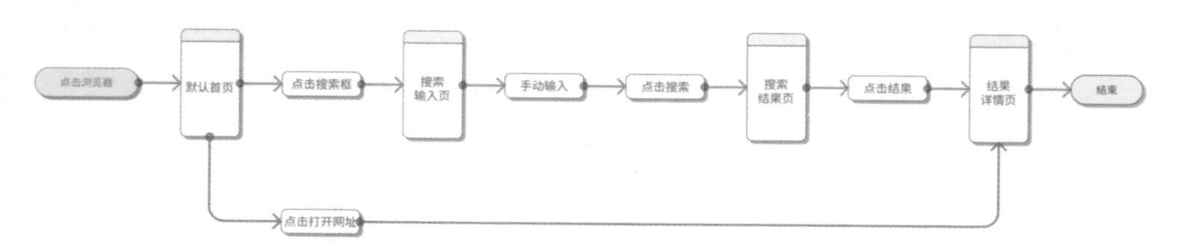

网址搜索流程

还有更便捷的搜索方式吗？

我们可以像淘宝首页的搜索框那样，直接在框内猜测用户可能会感兴趣的搜索词，并提供搜索按钮，这样用户就可以通过一次点击得到相应的结果，如下图所示。

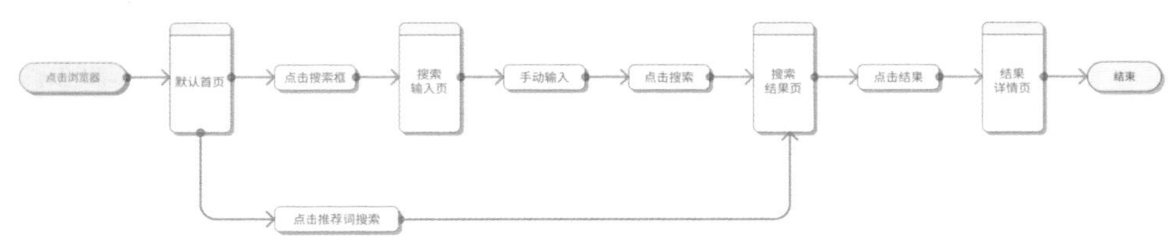

推荐词搜索流程

还有更便捷的搜索方式吗？

移动场景下用户使用产品都是碎片化的，随时都有可能因被外界干扰而中断，如果用户正在浏览某个结果页时，一个电话进来，用户接通电话之后又在手机上处理了几个别的事务，然后才想起来刚刚的搜索结果没有看完，这时浏览器在后台的进程可能已经“死”掉了，用户再打开浏览器就需要重新进行前面的搜索行为（这种情况在浏览器中概率非常大，因为历史记录词的搜索占比能达到 20% ～ 30%），所以类似这种用户并非主动退出结果页的流程，如果下次用户打开浏览器时能做到自动恢复上次的结果页，基本上就实现了 0 步直达搜索结果页，这应该算是最快捷的结果直达方式，已经跳出了搜索这条路径了，如下图所示。

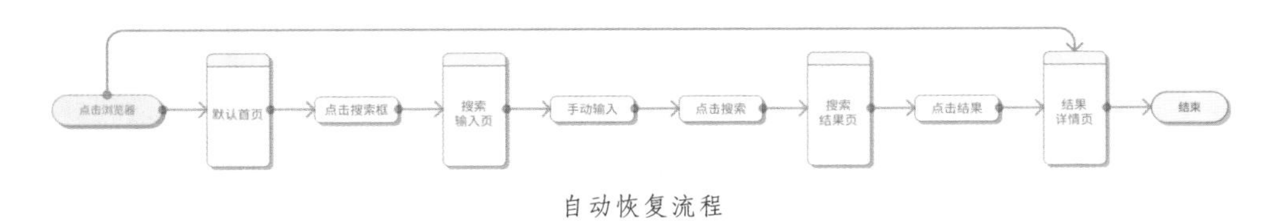

自动恢复流程

这几个案例展示了搜索的替代流程，大家可以参考并借鉴 6W 场景公式，思考自家业务是否存在更便捷的替代流程。

4.3.4 优化现有流程

当我们通过思考替代流程，实现了流程的场景化和多样化，接下来的任务就是逐一去打磨每一步流程，提升每一步流程的转化率。

我们还以典型的文本搜索流程为例，看看如何去提升它的转化率。

可以通过提供历史记录、猜你想搜等模块，帮助用户一步直达搜索结果，如下图所示。

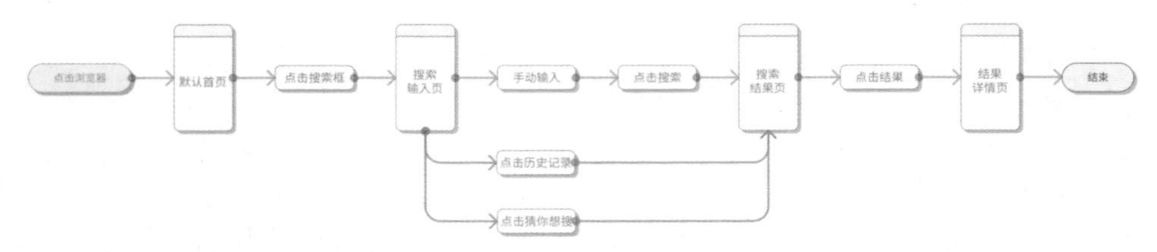

历史记录/猜你想搜搜索流程

当历史和推荐都不能满足用户需求，一定要用户手动输入时，还可以提供搜索联想词，尽可能减少用户的输入成本，如下图所示。

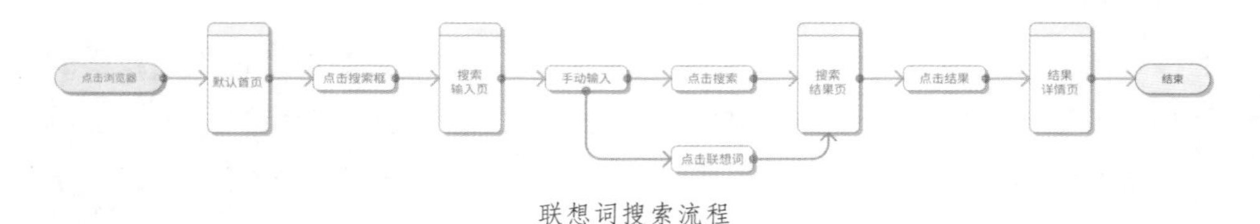

联想词搜索流程

那除了联想词还有什么方法能够让用户更快地达成目标呢？

答案是即时搜索。伴随用户的输入，不仅出联想词，而且也出最有可能命中用户需求的搜索结果卡片，让用户可以通过点击卡片，一键直达搜索结果页，如下图所示。

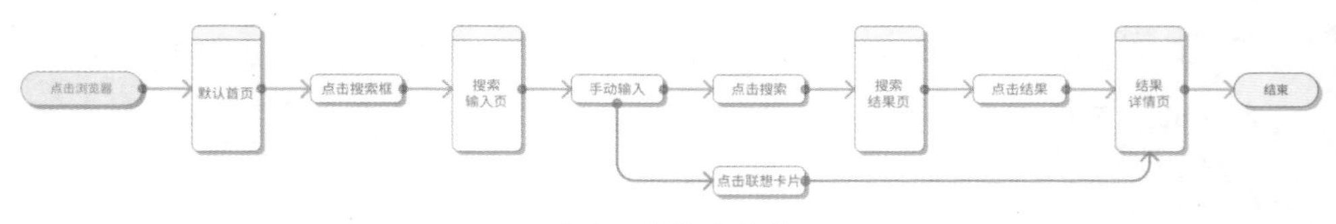

联想卡片搜索流程

那到了搜索结果页，还有没有方法可以缩短用户操作路径呢？

百度给出答案是框计划，直接在搜索结果第一位显示用户需要的详情信息，让用户在信息结果页即满足需求，而不需要进详情页查看，如下图所示。

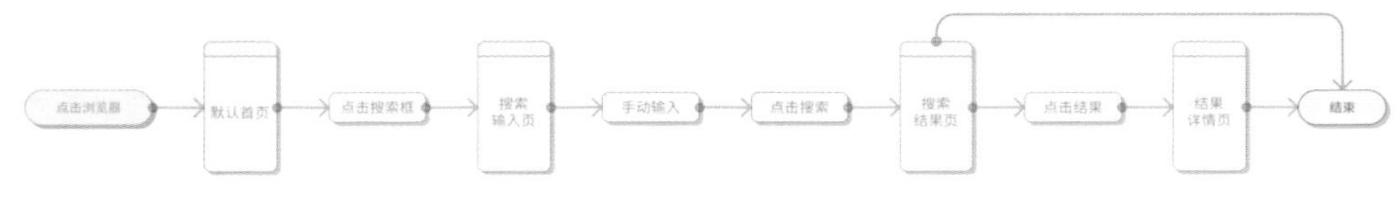

框计划搜索流程

以上都是围绕文本搜索，业界已经给出的一些减少操作成本的具体实践，如果我们将所有替代流程和优化流程，再加上判断条件绘制到一起，就会形成了一张全局的用户搜索流程图，如下图所示。

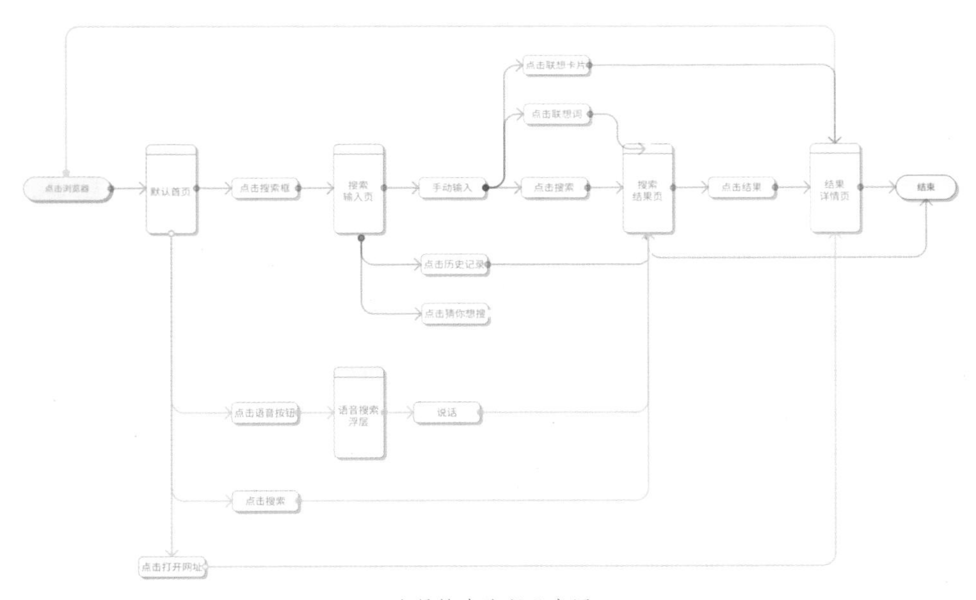

全局搜索流程示意图

大家可以参考浏览器搜索这个案例去思考，为了达成业务目标，是否有全新的流程可以让用户一步或几步直达。或者在现有流程之间，是否可以缩减某些步骤快速到达。每一步流程的缩减，都能带来转化率的大幅度提升，所以便捷的流程设计，值得大家去持续思考和创新。

4.4　界面框架设计

讲完线性的流程设计，我们开始着手界面的设计。一个界面的框架布局是如何设计出来的呢？我们需要从 4 个维度来寻找答案，如下图所示。

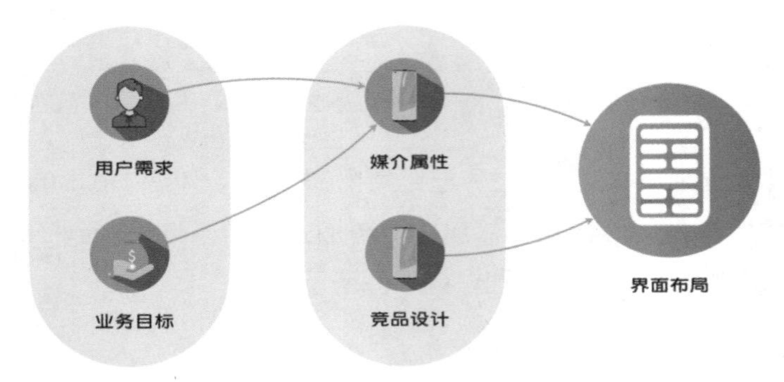

界面框架的构建逻辑

分别是用户需求、业务目标、媒介属性和竞品设计。

为什么是这 4 个维度呢？相信大家对用户需求和业务目标都没什么疑问，因为这是产品体验设计的基石。那为什么要考虑媒介属性呢？因为不同的媒介形态不同，可供性和系统规范也大相径庭。每个在其生态上的产品，都需要遵守其基本的规则，才能够既符合平台上架的标准，也满足用户对平台上产品的使用预期。这也是为什么在设计方法论里要单独强调平台规范。

最后是竞品设计，因为头部竞品会塑造用户对该品类产品的认知和行为习惯，作为后来者，有必要了解并借鉴头部竞品的一些设计模式，以顺应用户的心智模型，降低用户使用成本，所以竞品分析也必不可少。

下面以浏览器首页框架设计为例，为大家讲解界面框架的构建逻辑。

4.4.1　用户需求

关于用户需求，我们可以通过用户调研这种偏用户主观的方式进行获取，并结合后台数据——用户真实行为数据进行验证，来确定用户的需求。

以浏览器首页为例，我们通过问卷调研，了解到用户主观上使用浏览器功能的优先级顺序是搜索、网页浏览、信息流、视频、小说，如下图所示。

主观和客观的用户需求

再看看后台客观数据——浏览器首页的功能转化率，从高到低依次是信息流、搜索、名站、提示、天气、二楼小程序。

对比主客观数据，如果数据一致，说明产品设计大概率是符合用户心智模型和业务预期的。如果主观和客观数据有偏差，一方面要审视产品设计是否有问题导致用户转化率低，另一方面也要挖掘是否用户言行有偏差导致预期数据虚高。

结合浏览器的这个案例，大家可以先想一想，二者的数据差异“用户认为搜索是核心驱动，但实际信息流的日活更高”代表什么。

我的理解是：用户使用浏览器的核心驱动是搜索 + 网页浏览体验，结合福格行为模型 B=MAP。用户使用浏览器的搜索动机 M 非常强，搜索功能和网页体验是浏览器的核心基础，很容易形成用户心智（主观认知），所以必须在产品设计上加以强化和优化，以稳固用户使用浏览器的核心驱动心智。其次，信息流虽然在用户认知中排名相对靠后，但却是转化最高的功能，说明信息流的触发性 P 极强［本来无主动诉求（动机），因提示而激发］加上对用户能力 A 要求极低，所以就形成了非常高的转化率数据（但有可能并未进入用户的心智）。所以在保障搜索体验的前提下，要尽可能地提升信息流的展示空间和内容吸引力，提升信息流的使用心智，进而给业务带来更多的收益。

4.4.2 业务目标

浏览器作为 vivo 手机上非常重要的一个互联网产品，其核心的业务目标就是盈利，通过提供优质的“搜索 + 内容”服务，带来更高的日活和时长（广告收益），以助力 vivo 手机业务的发展。

为了便于理解，我就将浏览器的业务目标实现简单地以搜索和信息流来达成，回到我们之前的目标拆解公式：

总目标 = 目标 1（$A1 \times X1\%$）+ 目标 2（$A2 \times X2\%$）+…+ 目标 N（$An \times Xn\%$）

我们可以这么简单拆解：（数值非真实，仅作案例参考）

浏览器总营收 = 浏览器日活 1 亿 × 搜索点击 50%× 搜索完成 90%×1 元广告收益 ×2 次人均搜索 + 浏览器日活 1 亿 × 信息流转化 60%×0.1 元信息流广告 /10 分 ×40 分钟

从中可以看出，作为设计师，我们可以发力的方面主要集中在搜索 / 信息流入口的转化率、搜索的完成率以及信息流的连续消费上，在后续界面及流程设计中，我们可以围绕这几点展开设计。

4.4.3 媒介属性

在任何媒介上设计产品，我们都需要了解媒介的硬件和软件特性。因为媒介的形态和可供性会影响并塑造人们的认知和行为。

比如电视、计算机、平板和手机，硬件不同，人们与之交互的方式也大相径庭，如下图所示。

不同媒介的形态

电视：大屏幕（32 ～ 86 英寸），距离远（2.5 ～ 5 米），多用遥控器交互。

计算机：中型屏幕（13 ～ 38 英寸），距离中（50 ～ 70 厘米），多用键鼠交互。

平板：中小屏幕（8 ～ 12 英寸），距离较近（40 ～ 60 厘米），多用手势交互。

手机：小屏幕（4 ～ 7 英寸），距离近（32 ～ 50 厘米），多用拇指交互。

我们以手机为例，为大家讲讲手机媒介的特性和拇指交互的特点。

2013 年，Steven Hoober 和其他一些研究员，对人们在街上、机场、公共汽车站、咖啡馆、火车和公共汽车上使用移动设备进行了 1333 次观察。发现当人们在手机上进行操作时，有 49% 的情况是单手操作，有 36% 的情况是一只手持机，另一只手的拇指或食指进行操作，有 15% 的情况是双手持机并双手操作，如下图所示。

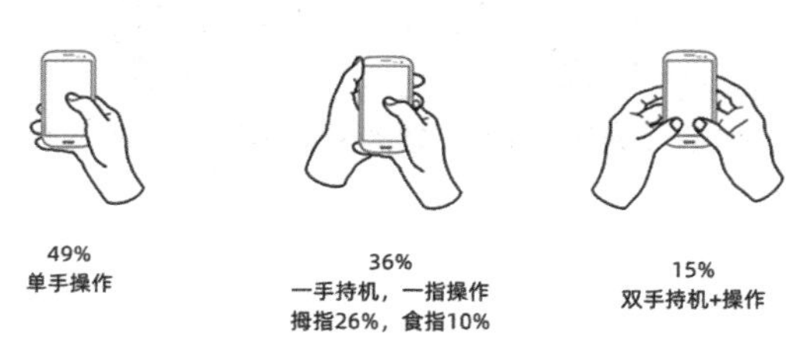

有操作时的 3 种持机手势

综合来看，人们用拇指交互的比例达到了 75%（49%+26%），所以我们日常的互动操作的布局及热区设计，需要尽可能地满足拇指的可操作范围和精度范围。

再来看一下不同持机手势的操作热区分布，如下图所示。

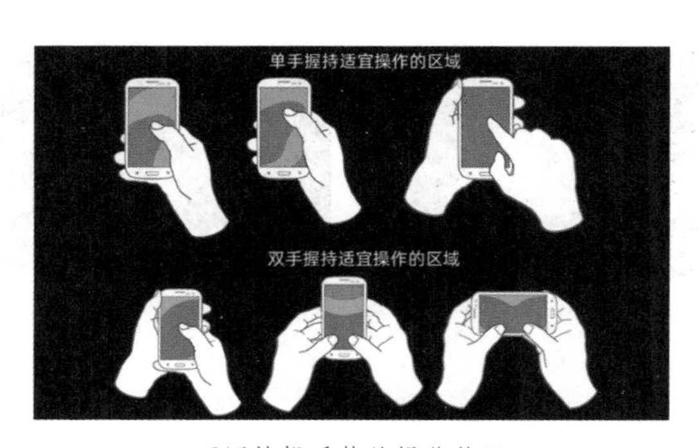

不同持机手势的操作热区

从中可以看出，单手持机的交互盲区相比双手持机会更加显著。再进一步，我们来看一下单手持机时，左右手持机交互热区的分布，如下图所示。

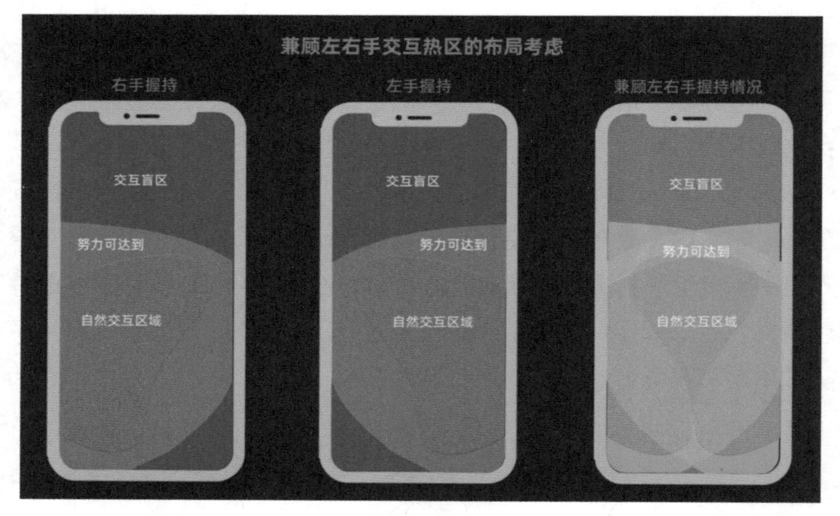

单手持机的交互热区

当人们在不同场景使用手机时，会灵活地切换左右手持机，所以我们在设计时，要尽量兼顾用户左右手持机的习惯设计去设计页面框架，尽可能保证用户高频操作处于绿色热区内。

给大家举个例子，夸克视频在检测到用户不同手持机时，会改变常用功能的位置：右手持机按钮在右侧，左手持机按钮在左侧，以方便拇指单手操作，如下图所示。

左右手持机操作按钮布局变化

讲完媒介硬件，再回到操作系统软件，我们看一下两大移动操作系统的界面布局框架，如下图所示。

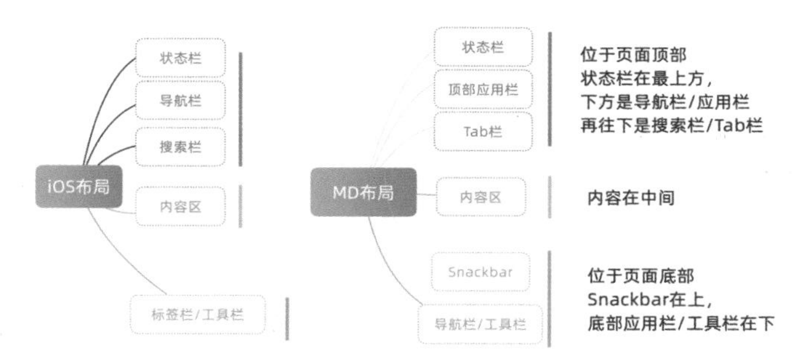

不同系统的页面框架

虽然系统规范定义有差异，但实际上各大主流产品为了保证本品体验的一致性，基本上都融合了两个平台的特性进行统一设计，使得多数产品在 iOS 和 Android 系统下的框架布局都是一致的，所以大家在框架布局上，也不用太区分 iOS 和 Android，根据业务需求进行选择即可。

大家在框架设计时尽量采用标准组件，包括其位置和结构，这样可以跟硬件的布局及热区相匹配，把更多精力聚焦在内容区，去思考用户需求和业务目标的内容框架布局，这方面竞品设计可以给我们提供一些参考。

4.4.4　竞品设计

使用硬件系统标准组件搭建界面上下通用框架，再借鉴竞品的内容设计框架，可以帮助我们梳理行业通用的界面框架。以浏览器为例，我们选择了几大厂商和 3 个头部第三方浏览器作为参考，如下图所示。

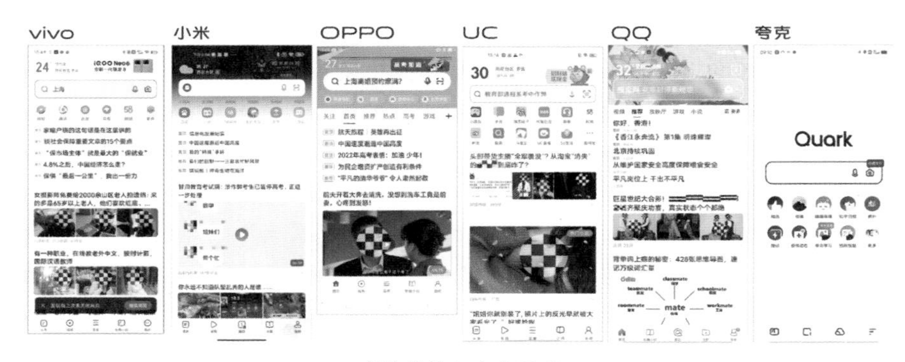

浏览器核心竞品页面

我们把这几个产品的框架进行抽象处理如下图所示。

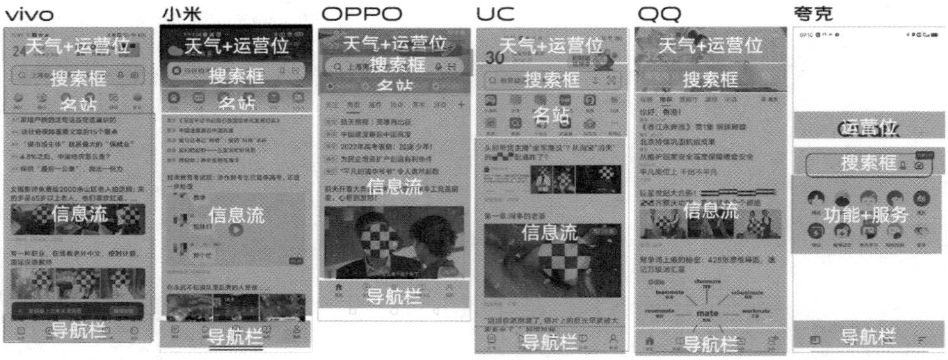

浏览器核心竞品页面框架

由此可以归纳出主流竞品的页面框架从上到下依次是：天气 + 运营位、搜索框、名站、信息流、导航栏。

有了用户需求的优先级、业务目标的优先级，以及行业竞品功能模块的优先级，接下来就是参考这三个优先级，和业务人员一起探讨，求同存异确定界面的设计框架。包括界面最终包含哪些功能，每个功能的优先级排序、界面所处位置、表现形式等。

回到 vivo 浏览器首页这个案例，最核心的功能是“搜索 + 信息流”，所以需要保证搜索功能的可见性（位置延续搜索框的顶部一致性认知）和操作的便捷性（适当往下且增加搜索栏的高度），并尽可能为信息流腾出更多的展示空间（去掉名站并强化信息流的视觉样式，提升信息流的视觉吸引力），如下页图所示。

小结一下界面框架的设计逻辑：首先要平衡用户需求和业务需求，给出内容区各功能模块的优先级顺序，然后再参照竞品分析，对框架布局进行微调，最后再根据媒介属性确定界面内容区上下的框架，就得到了我们最终的界面框架布局。

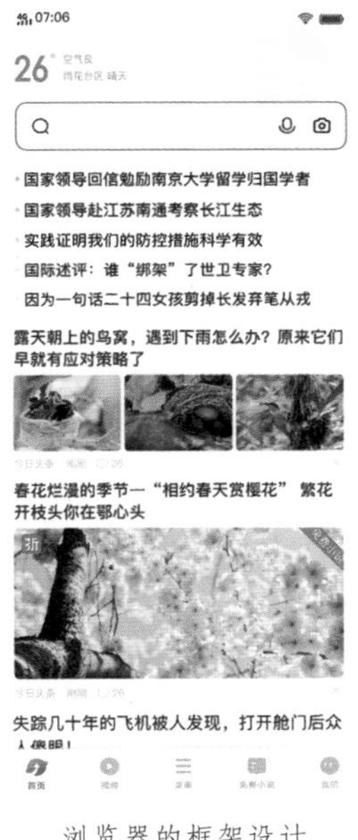

浏览器的框架设计

4.5 交互细节设计

交互细节设计，能够反映一个交互设计师的专业性和对设计的态度。优秀的交互设计师能够做到细节设计合理、完备、清晰、易读，让设计方案在设计组和项目组评审时顺利通过，减少多方沟通成本。

我将这四个特性称为交互细节设计的四大原则，其中合理性和完备性是基础、清晰性是标准、易读性是进阶。

4.5.1 合理性

作为交互设计师，我们要首先确保每一个交互细节都是有理有据的，“理”是我们前面学习的设计方法论，“据”是用户态度和行为数据，比如每一个元素存在的必要性、应该采取什么控件类型、显示在什么位置、采用什么视觉样式、出现和消失的动效形式等，都需要有“理”或“据”的支撑，所以大家做设计时可以多问自己几个为什么，思考清楚背后的设计依据。

但注意“理”并不是唯一的，所有的设计原则、设计模式和规范，在保证用户体验提升的前提下，是可以“打破”的。比如在Android规范中，明确地指出不可以用左右滑动的方式来切换底部Tab，但是微信就支持左右滑动切换底部Tab。再比如在iOS规范中，也明确地指出底部导航选中和非选中是不能发生功能变化的，但是在QQ中点击小世界Tab后，功能就变成了发视频，如下图所示。

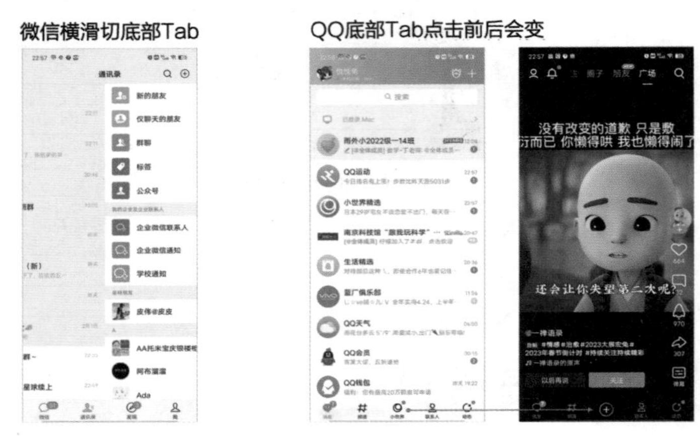

不“遵守”平台规范的微信和QQ

微信的手势横滑底部Tab，让底部Tab切换的操作更加容易。QQ底部Tab的状态改变，让设计更契合短视频的设计模式。设计师在进行具体交互设计时，要灵活看待设计模式和设计规范，以最终用户需求的满足和业务目标的达成来评估设计的合理性，而不是固守规范和设计原则。

4.5.2 完备性

交互细节的完备性是指交互流程、交互状态要全面无遗漏，否则不仅会被动补充，甚至可能因为分支场景和主场景冲突，导致整体交互方案都要推倒重来。

关于交互设计的完备性，推荐大家可以通过“交互自查表”来进行设计和自检，以保障交互细节的合理性、完备性和清晰性。

交互自检表

交互涉及到哪些模块的设计就自检哪些模块，按需检查

设计层次	设计维度	待查项列表	自检要求
结构层	信息架构	整体信息架构是否清晰易理解，可拓展？	是否和行业头部竞品信息架构一致，不一致的原因要想清楚，说明白。 是否跟产品确认过产品后续的拓展规划，考虑清楚当前架构如何兼顾际将拓展的功能
		导航模式是否清晰，易理解？	导航模式是否常见，在主流竞品或平台规范中是否有相关模式。如果没有，要考虑清楚为什么要采用这种导航。
		页面中信息层级是否清晰合理？信息视觉流是否流畅？	能够非常清楚的表达信息/功能层级的布局依据，用户视觉动线流畅。
		文本和图片标签是否简洁、通俗易懂？	尽量采用约定俗成的标签名称和图标造型，避免术语和复杂/难懂的图形。
		是否考虑引入搜索的必要性及搜索的权重？	根据当前内容丰富度决定是否引入搜索，并根据搜索功能的重要性确定其展示形式。
		新功能是否需要引导，形式是否合适？	若设计了新手引导，一定要明确新手引导的价值。并说明为什么最建议当前的引导形式。
	流程设计	是否有其他相似的任务流程？是否可复用之前的流程？	若任务流程相似，需尽量复用，如果以往流程不合理，可优化并复用。
		是否能方便地找到每一步的操作入口，并正确地操作?	操作入口的位置是否保持行业一致性，入口设计是否符合用户认知，操作方式是否符合用户认知，操作热区是否足够大。
		操作反馈是否能被用户注意到，并正确理解？	操作时和操作后是否有反馈？反馈是否能被用户明确感知，并被用户正确理解
		操作后是否能很方便的撤销？	用户可以通过返回或其他明确操作入口撤销上一步的操作。
		逆向流程的设计是否有特殊考虑？	逆向操作是否和正向链路的反馈及动效完全一致，如果不一致需要做出特别说明。
		操作是否需要申请授权？未授权如何呈现？	要考虑未授权状态下的界面展示，并告知用户如果想授权要如何操作。
		任务被中断后是否保存进度和状态，如何继续？	尽量保存用户进度和状态，并自动恢复。如果不能，需要说明原因。
	交互设计	高频操作的功能是否在拇指自然操作的热区范围内，且热区足够？	尽量保证高频操作位于拇指热区，且热区在44px以上。
		是否需要设计动效，增强页面元素或页面间的逻辑关系？	页面跳转尽量复用标准转场效果，新增加的转场效果应有特殊的价值。确保动效在中低端手机上也能够流畅的运作。如果不能保证，需要考虑动效无法呈现的降级处理逻辑。
		是否考虑了误操作的情况和容错性？	对于重要/危险操作，要预防误操作带来的不良后果。当用户的输入不够准确时，能够进行自然的纠错并呈现正确的展示结果。
		手势使用是否符合用户认知？是否与系统手势冲突？	尽量采用系统通用标准手势，新手势要考虑必要性，并避免和系统手势相冲突。
		操作成功的状态反馈是否符合用户预期，可否增强用户的情感反应？	中间操作反馈要及时，且给出下一步的操作预期，结尾的成功操作尽量强化成功，增强用户的情感共鸣。
		操作时和操作后是否有明显的状态变化让用户感知到操作正在/已经生效？	操作时和操作后都需要有明确的，可被用户感知到的视觉、触觉、听觉反馈，让用户知道操作对象已经接收到操作反馈。
		操作成功的状态反馈是否符合用户预期，可否增强用户的情感反应？	中间操作反馈要及时，且给出下一步的操作预期，结尾的成功操作尽量强化成功，增强用户的情感共鸣。
		是否考虑操作失败的处理逻辑？能否帮助用户尽快从错误中恢复？	考虑每一步操作失败的处理逻辑，尽量复用之前的处理规则，对于新出现的失败逻辑，要提供明确的提示和引导，让用户尽快从错误中恢复。
框架层：界面元素与布局			
布局		页面布局是否符合平台/本品设计规范？	标准组件的位置要符合平台规范/本品设计规范，否则需单独说明原因。
		页面功能布局是否符合行业设计一致性？	页面功能布局要尽量遵守行业布局一致性，否则需要单独说明原因。
		页面视觉动线是否流畅？	用户视觉动线的自然流动顺序要和产品期望用户的浏览顺序保持一致。需要避免让用户动线来回移动。
控件		是否采用标准控件（组件）？	尽量采用标准控件（组件）？否则需要说明其必要性，并确保新控件设计符合用户认知
		界面元素与所采用的控件是否契合匹配？	如果有其他替代的控件形态，需要说明为什么选择这一种。
		控件的样式与其交互行为是否具有一致性？	相同的控件需要有相同的交互反馈。
		控件的状态是否考虑完备，不同状态的区分是否明显？	要考虑控件的所有状态：默认态，选中态，点击态，不可用态，已点击态。不同状态要有显著差异。
选择 与输入		这个信息是否一定要收集？	非必要信息不收集。如果能从其他地方拿到的用户数据，不要重复向用户收集。
		是否为用户提供了合适的首选项/默认值？	符合大多数用户目标或业务期待的值，才能够提供默认值。
		输入前是否提供提示，确保用户能正确的输入？（格式提醒、输入目的提醒、举例提醒）	尽量通过设计形式本身的可供性告知用户输入规则，否则要考虑提示的可发现性和可理解性
		输入中是否提供及时反馈？（输入建议、错误提示）	尽量实时校验，便于用户发现错误并改正。
		输入完成后是否提供及时反馈？（填写错误、填写正确、跳过未填）	尽量实时校验，便于用户发现错误并改正。
		是否指定了键盘类型？（英文键盘、数字键盘、密码键盘等）	要正确配置键盘，方便用户输入，尽量不给用户犯错的机会。
		是否考虑到了键盘弹出引起的页面遮挡?	关键信息如果会被页面遮挡，要考虑页面随键盘弹起而上滑。
		表单是否需要拆分，以减少用户的输入压力？	重要的字段最好是用单独的页面呈现，聚焦用户注意力。若表单较长要注意分组，尽量保证组以及组内问题都不要超过4个左右。
		是否需要实时保存用户输入的数据或者进度？	尽可能保存用户已输入的数据和进度，避免用户重复输入。
文案		文案是否简洁易懂，无歧义？	尽可能精简文字，能少一个字说清楚的事就要少一个字。
		同场景下用语是否准确一致？	文案的语调、语法结构、语言描述都尽可能一致。
		是否使用了生僻的专业术语？	避免使用专业术语。
		是否存在错别字/大小写混用/全角半角符号混用情况？	尽量避免错别字，大小写的规则要统一，符号要统一。
数据展示		无数据空界面如何呈现？	是否可以推荐内容让界面不为空，空状态的设计也要和其他空状态保持一致。
		数据内容加载不完整或者加载慢是否可以手动刷新？	手动刷新的方式要尽量可见，符合用户认知。
		数据内容缺失是否显示默认图片/占位符等？	尽量显示兜底图或默认占位符，让用户对即将加载的内容有预期。
		无法完整显示的数据的处理策略？	需要考虑数据无法完整显示的策略：截断、折行、缩小字号、跑马灯……及这样处理的原因。
		数据过期如何提示或呈现给用户？	考虑数据过期的提示和展示原则。
		数值是否要按特定的格式、单位显示？	考虑数值的最佳呈现/阅读方式
		数据是否存在极值？	极值的处理和呈现方式。
		数据按什么规则排序？	要定义数据的排序规则
		数据显示是否涉及权限与隐私？	需要与法务确认，尽可能避免侵犯用户隐私。
特殊逻辑与系统特性			
特殊逻辑		特殊网络状态是否做出应对？（弱网、超时、无网）	特殊网络状态要做统一的处理逻辑，所有的页面交互遇到网络问题都采用统一的反馈形式
		各种登录状态是否作出应对？（未登录、注销后、账号切换、游客账号）	需要登录的状态需做统一的处理逻辑，所有需要登录的情况都统一调用
系统特性		是否考虑夜间模式/隐私模式的展示逻辑和效果？	根据产品自身支持的模式统一考虑。
		是否考虑系统分屏的展示逻辑？	作为系统自带应用，需要考虑分屏适配的场景。
		是否考虑横屏的展示逻辑？	考虑是否支持横屏，如果支持界面要如何呈现。
		是否考虑了折叠屏/特殊屏幕的适配？	作为系统自带应用，需要考虑各类特殊屏幕的适配场景。

交互自检表

扫码看大图

因为交互设计的核心工作集中在结构层和框架层，所以我们的交互自检表也主要围绕这两层来展开。

1. 结构层

结构层包含：信息架构、流程设计和交互设计。

在信息架构上主要关注以下 5 点：

（1）整体信息架构是否清晰易理解，可拓展？

（2）导航模式是否便捷、清晰，易理解？

（3）页面中信息层级是否清晰合理？信息视觉流是否流畅？

（4）文本和图片标签命名是否简洁、通俗易懂？

（5）引入搜索的必要性及搜索的权重如何？

这跟我们在信息架构设计中考虑的要素是一致的。

在流程设计上主要关注以下 8 点：

（1）新功能是否需要引导，形式是否合适？

（2）是否有其他相似的任务流程？是否可复用之前的流程？

（3）是否能方便地找到每一步的操作入口，并正确地操作？

（4）操作反馈是否能被用户注意到，并正确理解？

（5）操作后是否能很方便的撤销？

（6）逆向流程的设计是否有特殊考虑？

（7）操作是否需要申请授权？未授权如何呈现？

（8）任务被中断后是否保存进度和状态，如何继续？

在交互设计上主要关注以下 8 点：

（1）高频操作的功能是否在拇指自然操作的热区范围内，且热区足够大？

（2）是否需要设计动效，增强页面元素或页面间的逻辑关系？

（3）是否考虑了误操作的情况和容错性？

（4）手势使用是否符合用户认知？是否与系统手势冲突？

（5）系统反馈是否需要一段等待时间，如何将处理状态传递给用户？

（6）操作时和操作后是否有明显的状态变化让用户感知到操作正在 / 已经生效？

（7）操作成功的状态反馈是否符合用户预期，可否增强用户的情感反应？

（8）是否考虑操作失败的处理逻辑？能否帮助用户尽快从错误中恢复？

2. 框架层

框架层包含：布局、控件、选择与输入、文案、数据展示。

在布局上主要注意以下 3 点：

（1）页面布局是否符合平台 / 本品设计框架的规范？

（2）页面功能布局是否符合行业设计一致性？

（3）页面视觉动线是否流畅？

在控件上主要注意以下 4 点：

（1）是否采用标准控件（组件）？

（2）界面元素与所采用的控件是否契合匹配？

（3）控件的样式与其交互行为是否具有一致性？

（4）控件的状态是否考虑完备，不同状态的区分是否明显？

在选择与输入上主要注意以下 7 点：

（1）输入前是否提供提示，确保用户能正确的输入？（包括格式提醒、输入目的提醒、举例提醒等）

（2）输入中是否提供及时反馈？（输入建议、错误提示）

（3）输入完成后是否提供及时反馈？（填写错误、填写正确、跳过未填）

（4）是否指定了键盘类型？（英文键盘、数字键盘、密码键盘等）

（5）是否考虑到了键盘弹出引起的页面遮挡？

（6）表单是否需要拆分，以减少用户的输入压力？

（7）是否需要实时保存用户输入的数据或者进度？

在文案上主要注意以下 4 点：

（1）文案是否简洁易懂，无歧义？

（2）同场景下用语是否准确一致？

（3）是否使用了生僻的专业术语？

（4）是否存在错别字 / 大小写混用 / 全角半角符号混用情况？

在数据展示上主要注意以下 7 点：

（1）数据内容缺失是否显示默认图片 / 占位符等？

（2）无法完整显示的数据的处理策略？

（3）数据过期如何提示或呈现给用户？

（4）数值是否要按特定的格式、单位显示？

（5）数据是否存在极值？

（6）数据按什么规则排序？

（7）数据显示是否涉及权限与隐私？

3. 特殊逻辑与系统特性

在特殊逻辑方面主要要考虑 2 类：

（1）特殊网络状态是否做出应对？（弱网、超时、无网）

（2）各种登录状态是否做出应对？（未登录、注销后、账号切换、游客账号）

在系统特性方面主要要考虑 4 类：

（1）是否考虑夜间模式 / 隐私模式的展示逻辑和效果？

（2）是否考虑系统分屏的展示逻辑？

（3）是否考虑横屏的展示逻辑？

（4）是否考虑了折叠屏 / 特殊屏幕的适配？

系统特性方面需根据产品所在平台的要求去调整，这里是以 vivo 手机系统的要求来写的，并不具有普适性。大家需要结合自己产品所在平台的要求去总结。

“交互自检表”的条目看起来比较多，因为它包含了交互设计各个维度的内容，但日常单个设计需求其实并不涉及这么多维度，大家可以直接筛选对应的维度进行自检即可，并不会耗费太多的时间，建议新手设计师多主动进行设计自检，避免经常出现细节问题，很容易被领导质疑其能力和态度，影响专业性评价。

4.5.3　清晰性

从信息架构到界面导航、控件选择、控件状态、信息设计，都涉及清晰性的问题。界面信息层级要清晰，用户才能一目了然地定位关键信息。功能命名要清晰，用户才能瞬间明白其含义。文本描述要清晰，用户才能阅读一次就明白。大家可以多参考“交互自检表”中对清晰性的要求，逐级自检，确保每个元素命名、文本描述、控件状态、界面布局都满足清晰性的要求，以减少用户视觉和认知成本。

4.5.4　易读性

易读性主要是对交互文档形式的要求。当我们的交互逻辑和描述满足合理性、完备性和清晰性之后，更高一级的要求是要直观，提高交互文档的易读性。如下图所示，当流程比较简单时，直接用界面流程图呈现，这样对于操作元素和操作反馈之间的关系展示会比较清晰。

更直观的交互流程

再比如，在撰写交互细节时，可以在界面上给每个交互对象编号，然后在界面外，用编号指代交互对象，撰写交互细节描述，通过编号串联交互对象和交互细节，方便项目成员快速匹配匹配它们，如下图所示。

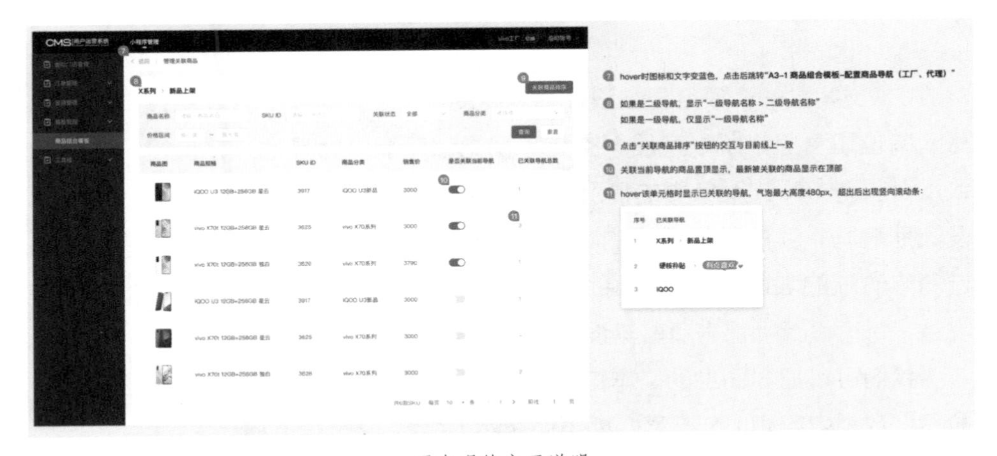

更直观的交互说明

再比如，当交互逻辑有调整时，统一用高亮色标识，让项目成员可以一目了然地找到修改点。

更直观的交互修改点呈现

极致的用户体验都是由无数个微小的交互细节累积而成的。单独看某一个交互细节或许微不足道，但持续叠加就会严重影响用户的体验和感受，所以我们要重视每一个细节的合理性、完备性和清晰性，并直观地传达它们，提升项目成员的阅读体验，为最终用户呈现最佳的产品体验。

4.6　UX 文案设计

UX 文案是一个很容易被设计师忽略的细节。因为 UX 文案并没有明确地写入岗位职责里，所以产品、交互、视觉都可能以为是他人在负责，最后导致没有人对 UX 文案负责的情况。有设计师问我：UX 文案属于交互或 UI 的设计范畴吗？我的回答：是的。因为 UX 文案在信息传达中非常重要，它通过简练清晰的表述让用户消除疑虑，高效抉择，带来更好的用户体验和产品收益，每个设计师都肩负着其设计的责任。

我们可以把界面上的文本信息分为 3 大类，主要包含了产品 / 功能 / 元素命名、数据内容和 UX 文案，如下图所示。

各类文本信息举例示意

产品 / 功能 / 元素命名包括了产品及产品信息架构中所有功能、元素的命名，比如产品名称、底部导航、名站、设置选项等。

数据内容包括服务器下发的各种批量存储且持续更新的数据库内容，比如框内的热词、新闻的标题、来源、时间、评论等。

UX 文案则包括系统 / 功能当下所处的状态、操作前后的说明、状态、引导文案等。

通常，产品及核心功能 / 元素的命名、业务侧从上至下关注度都非常高，打磨会比较充分。数据库内容因为海量且不断变化，除了在字段属性和展示形式上做一些强制约束外，一般不涉及信息再设计。UX 文案因为权责界限不够清晰，价值不够显性，受重视程度相对低，体验问题也相对严重，所以我们将其作为重点来介绍。

UX 文案设计包括文案内容和文案形式，文本描述是其内容，文本属性是其形式。好的文案可以表达产品的价值主张，加深用户对品牌的认知、信任和好感度。

Google 曾将 UX 文案总结为 8 大类，分别是行动按钮、简介、导航按钮、确认信息、错误信息、隐私条款、加载页面、404 错误，而且还总结了一套 UX 文案的写作模型。

在该模型的基础上，我结合个人对 UX 文案的理解和设计经验，归纳了

“UX 文案写作原则 + 品牌文化基调”，作为 UX 文案的设计原则。

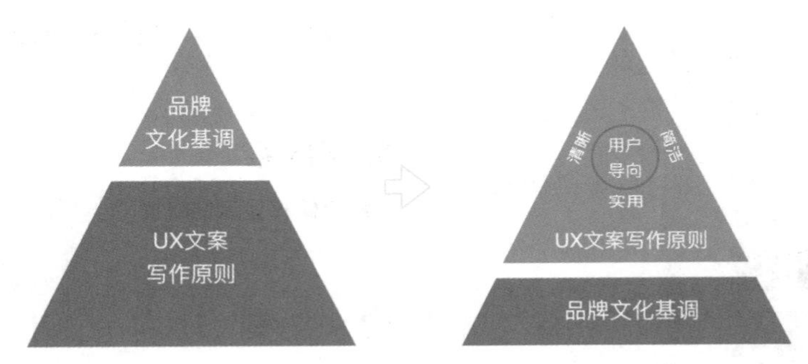

Google 的 UX 文案写作模型与 UX 文案设计原则

4.6.1 用户导向

用户体验设计是以用户为中心的设计，用户导向，是我们所有设计思考的源点。我们需要尽可能地了解用户的心智模型，并将产品设计按照用户的心智模型进行设计和传达，如下图所示，以便让用户更容易、更高效地获取信息。

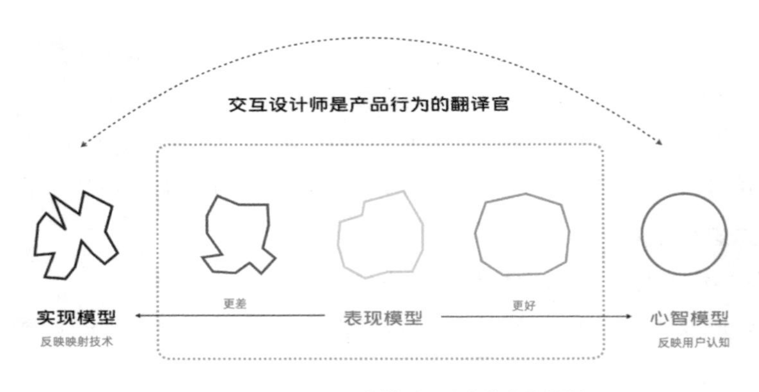

心智对设计的影响

因此，在 UX 文案设计中，应该首先考虑“用户导向”原则，以用户视角传递文案信息，而非产品开发视角。

4.6.2　实用性

结合奥卡姆剃刀原理：如无必要增实体。这个原理普适于所有功能、信息和元素，UX 文案也不例外。任何一个元素，任何一句文案，都要先考虑其价值。如果能通过其他内容和形式明确传达信息，就不应该增加额外的信息。

比如很多表单，都会显示标签名，然后再在输入框内重复显示与标签名相同的引导提示，如下图左图所示。

重复显示文案

这就属于没有提供增量价值的提示，相比上图右图中规中矩的设计方案，我更喜欢 Google 灵动的设计，如下图所示。

Google 关于输入框的提示方案

默认在输入框内显示引导提示，无标签名称，当用户开始输入时，引导提示上移变成标签名，框内显示输入的手机号。这个设计让默认界面简洁，输入过程和输入完成后也一直能知道输入内容的属性。

4.6.3 清晰性

清晰性要求 UX 文案简单直观，没有任何技术术语或生涩拗口的表达，易于用户理解，如下图所示。

避免技术术语

这种技术术语自从设计师介入后已经基本消失了，研发人员每次遇到提示都会找产品或设计师协商（如果研发人员喜欢自己发挥，那用户很有可能还会遇到上述技术术语提示）。

UX 文案除了要让用户理解，还要贴合场景，让用户能够通过文案预知下一步的行为或反馈，如下图所示。

为下一步的行为提供预期

如果按钮是“下一步”用户就只能点击后才能从下一个界面上知道反馈，而“获取短信验证码”则提前告知了用户系统接下来的行为，让用户可以马上准备接收和输入验证码，增加了用户对系统和自身行为的掌控感。

再比如设计中比较常见的 CTA 按钮举例，为什么要用行动召唤按钮，因为行动召唤按钮更清晰，用户甚至可以忽略提示语，直接根据按钮的名称做出选择，如下图所示。

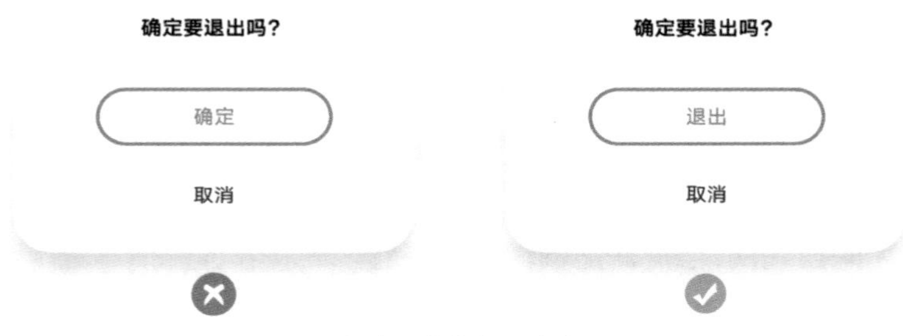

行动召唤按钮更清晰

多数行动文案我们都可以这么处理，但是当用户的召唤行动本身具有“取消”含义时，则不能再套用这个形式，否则又会出现歧义，如下图所示。

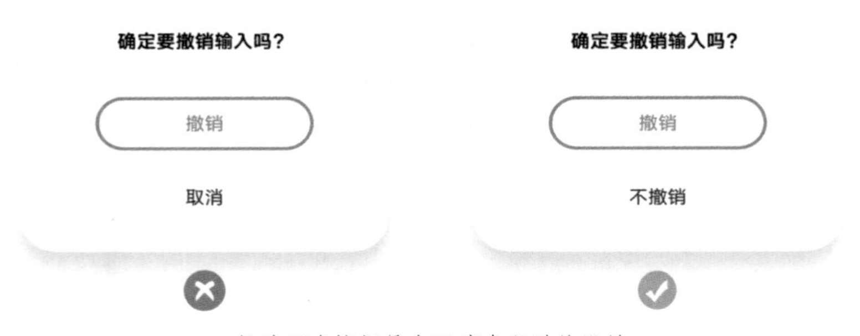

行动召唤按钮具有取消含义时的设计

当询问用户是否要撤销输入时，如果同时用撤销和取消就会有些混淆，这个时候就建议将取消按钮，直接改为不撤销，使按钮含义更清晰。

清晰的按钮不仅可以传递更有价值的信息，还可以促进功能的转化，带来巨大的业务价值，给大家举两个案例，如下图所示。

信息设计的价值

第一个来自 Google。当 Google 把功能描述从“Book a room”改成“Check availability”后，减轻了用户点击的压力，订单的转化率提升了 17%。

第二个来自滴滴。当滴滴把模糊的“查看详情”按钮改为清晰的“点击领取”按钮后，点击率提升了 287%。

这都属于改变文案描述，让文案的下一步行为更清晰，操作更明确带来价值提升。

4.6.4 简洁性

在实用、清晰的基础上，UX 文案还要力求简洁，减少用户的阅读成本，如下图所示。

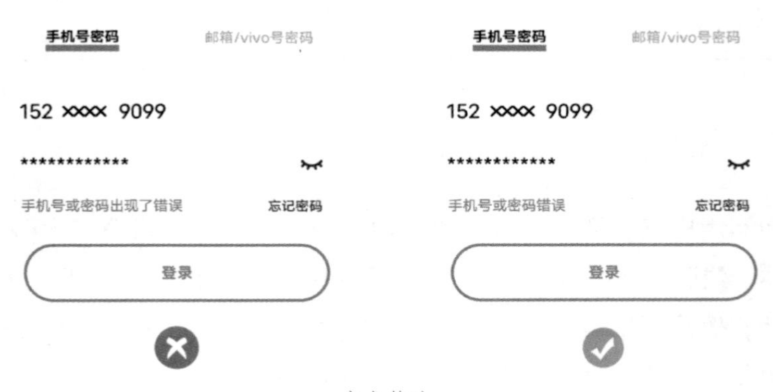

力求简洁

这就需要设计师惜字如金，不仅要去掉重复的提示，还要把提示中不影响信息传达的修饰语都去掉，甚至可以回到第一步，思考是否需要提示语。比如 iPhone 登录时，如果密码输入错误，并不会显示提示，而是左右摇晃然后删除密码，让用户重新输入。

以密码输入为例，来串联前面提到的 UX 文案设计的 4 原则，如下图所示。

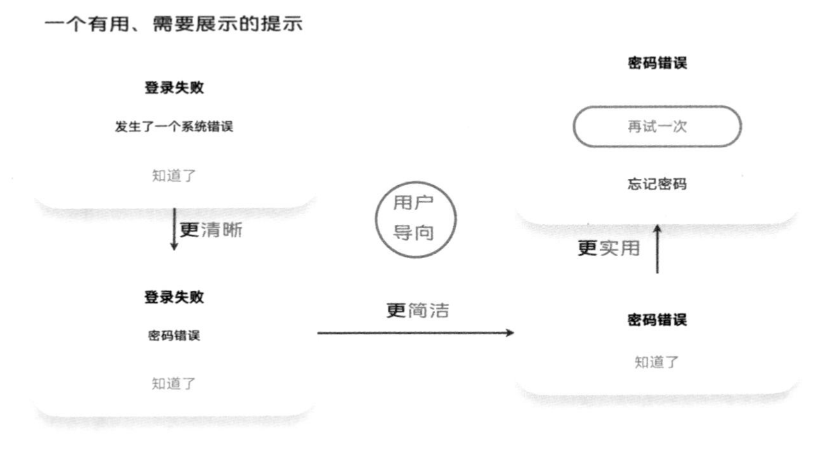

UX 文案写作原则

在用户导向的前提下，先保证文案的有用性，然后力求清晰、简洁，最后再加入下一步的引导说明，让其更加实用，一个合格弹窗提示就诞生了。

4.6.5　品牌一致性

UX 文案设计的本质是产品与用户之间的对话。

我们需要考虑产品的定位（自己）、用户的画像（对方），以及当下的场景，才能输出合适的文案，构建一场愉快的对话。

用户导向、实用性、清晰性、简洁性 4 原则可以指导设计师完成一些工具型产品的文案设计，帮助用户快速认知、理解并和产品互动完成任务，但对于希望通过 UX 文案设计来塑造 / 巩固品牌的产品而言，UX 文案设计更重要的是符合其品牌信念，强化其品牌个性。如果把品牌比喻成一个人，那 UX 文案就要符合其角色身份、个性和表达场景。

给大家举两个有品牌感的 UX 文案设计案例，如下图所示。

夸克的品牌文案

第一个案例是夸克。在一堆中规中矩的浏览器类产品中，夸克的文案就显得独树一帜，其语言风格与其产品定位（新生代智能搜索）、用户画像（学生党 + 年轻上班族）更加契合。

第二个案例是躺平，如下页图所示。

在一大批积极阳光正能量的产品中，躺平以其独特的形象切入用户的视野，文案充满了对现实生活中年轻人生活状态和心态的洞察，戳中了很多年轻用户的心声，让人过目难忘。

从品牌的视角看 UX 文案设计，有点接近于营销文案，除了传达准确的信息之外，还致力于给用户强化特定的品牌印象。

最后，我们小结一下 UX 文案设计的五大原则。

（1）用户导向：以用户视角撰写文案，而非产品技术视角。

（2）实用性：确保每一句文案都有价值，如无必要勿增实体。

（3）清晰性：准确无歧义无专业术语，能够明确地传达下一步行为。

（4）简洁：惜字如金，没有冗余的字词，把关键信息放在最前面。

（5）品牌一致性：根据品牌基调定义语言风格，使 UX 文案助力品牌形象的建设。

躺平的品牌文案

4.7　动效设计

动效设计，是通过界面上单个或多个元素的动态变化，来增强用户感知、认知，促进用户理解、行动的一种视觉表现方式。

Material Design 12 的宣传视频中提供了丰富的动效形式，请扫码查看。

宣传视频

拆解其动效维度包括变化属性和变化方式。

变化属性：颜色、形状、透明度、大小、位置。

变化方式：缩放、旋转、移动、变形、扭曲、扩散、模糊、修剪等。

大家可以观察一下身边产品的动效，基本上都是通过这些方式组合变化得到的。

4.7.1 设计原则

根据 MD 规范，动效设计需要遵循三大原则。

（1）聚焦：运动是最有效地吸引用户注意力的方式，人眼会不受意识控制，自主地将注意力转向运动的元素。所以在 UI 上使用动效，一定要克制、聚焦，将动效运用在最重要的事情上，避免到处都是动效，争抢用户注意力，给用户造成干扰。

（2）有用：动效不能凭空添加，每个动效都需要能够传达某种功能价值或情感价值。

（3）表现力：动效是比静物更引人注目的方式，既然要设计动效，就要尽可能地增强动效的表现力，让用户能够理解甚至喜欢这种动态的表达。

4.7.2 设计价值

按照操作前中后三个阶段，可以将动效的价值拆解为 3 点：

（1）操作前吸引用户注意力，并告知 / 引导用户操作。

理想情况下，操作前设计的动效，要在吸引用户注意力的同时，引起用户的兴趣，并示意用户该如何操作，如下图所示。

操作时的状态反馈

左图的限时秒杀，做了一个“新”标签的旋转动效，以吸引用户注意力。

右图的向上箭头光晕和页面的跳动动效，则不仅吸引了用户注意力，还示意了操作方式。

（2）操作时：表达元素 / 系统的状态。

操作时的动效，需要让用户明确感知到系统已经接收到了用户的操作，并给出实时的视觉 / 听觉 / 触觉反馈，让用户对自己的操作更有掌控感，如下图所示。

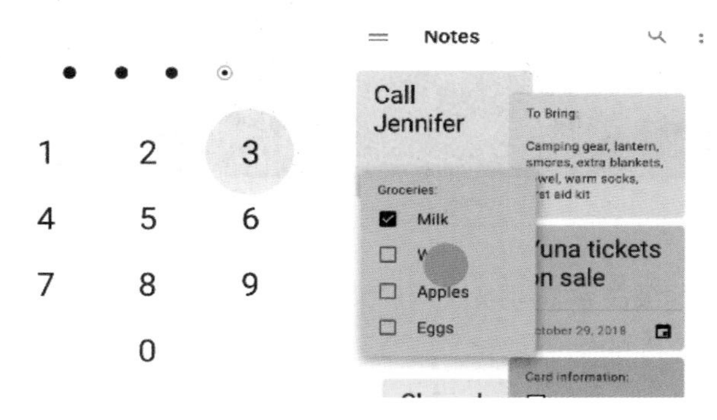

操作时的状态反馈

左图点击键盘时，每个被点击的按钮都有点击态，且上方的密码位置会实时地填入密文。右图的卡片，当用户按下时，海拔会更变高（投影加重），用户拖动时会实时跟随用户手指移动，这些元素状态的实时变化，都是在响应用户的操作。

（3）操作后强化元素表现力或界面层级关系。

强化元素表现力可以增强该元素的视觉吸引力和趣味性，由此激发用户的喜爱感或者成就感。

比如，当进入 H5 活动页面时，除了采取常规的 loading 之外，也可以采取趣味性的 loading 动效，如下图所示。

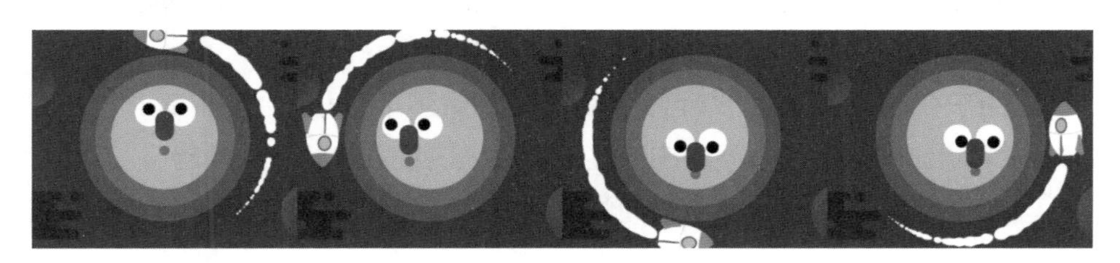

增加元素的趣味性和表现力

loading 是一双眼睛一直追随火箭环绕，趣味十足，能够吸引用户注意的同时，博得用户会心一笑，并减少用户等待的心理时间。

再比如当用户完成某个任务，获得奖品或勋章时，奖品或勋章的动效也可以激发用户的成就感，如下图所示。

动效增加成就感

强化页面的层级关系，可以让用户清晰地感知到元素和界面的目标位置，并了解前后两个界面的层级关系。

比如，当要表达一个界面 / 元素移动或收起至另一个地方时，采用“变形 + 位移”动效，让用户清晰地感知到该界面 / 元素的目标位置，方便用户从目标位置再次找到该界面 / 元素，如下图所示。

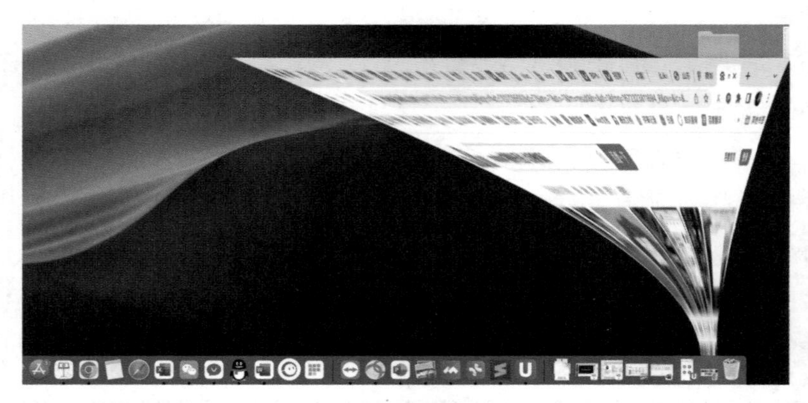

增加元素的趣味性和表现力

当用户在 Mac 桌面上收起某个窗口时，该窗口会从初始位置变形收缩到 dock 栏的响应位置上，方便用户记住该窗口的位置，方便下次唤起。

当两个界面切换时，界面之间的切换动效，可以辅助表达两个界面之间的层级关系，如下图所示。

增加元素的趣味性和表现力

点击小说封面，封面变大翻开并显示出书籍内容，表现的是书籍内容页面是上一个页面的子页面。左右滑动页面从搞笑 Tab 切换到综艺 Tab，动效是左右平推，表现的是兄弟关系界面。

在操作前中后的不同阶段，动效可以起到不同的作用，不仅能够吸引用户注意力，示意如何操作，表达当前状态，而且能够清晰地传达界面层级关系，提升产品的易用性，还可以增强产品的趣味性和用户喜爱度。

4.7.3 设计步骤

既然动效能带来这么多价值，那我们日常在设计动效时该怎么做呢？可以参照以下四步来进行，如下图所示。

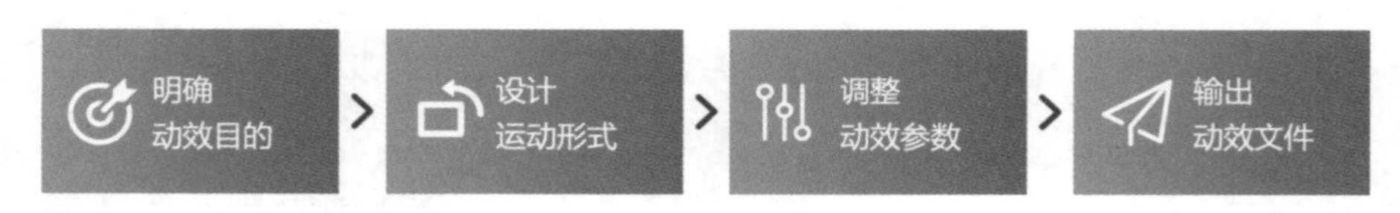

动效设计的步骤

（1）明确动效目的：先想清楚为什么要设计动效，希望通过动效达到什么设计目标。

（2）设计运动形式：根据设计目标，综合运动元素的造型、品牌动效的设计理念，进行运动形式的设计。（在设计运动形式时，如果是比较创新的动效形式，需要提前跟研发沟通确认动效的可行性和实现方式，确定后期动效的输出方式）

（3）调整动效参数：完成动效 demo 后，调节元素动效细节让其运动节奏更自然。

（4）输出动效文件：最后按照与研发的约定，输出对应格式的动效文件和动效参数，让研发能够高质量地还原动效效果。

以连击触发的爆赞动效为例，我们拆解一下每个步骤的设计。

（1）明确动效目的：增加点赞互动操作的趣味性和表现力。

（2）设计运动形式：结合点赞图标的造型（竖大拇指），品牌动效的设计理念（有用有趣），动效的设计目标（增加点赞趣味性），设计侧确定了连击点赞图标时，除了图标模拟现实竖起大拇指的动态操作外，还要动态随机喷射 emoji 表情，点赞数实时增加，并与研发确认了具体的实现方式。

（3）调整动效参数：接下来设计师在 AE 内设计好具体的动态效果，主要是调节整体的运动时长和各类表情的运动速度曲线的参数。

（4）输出动效文件：点赞图标动效输出 Lottie 文件，表情和鼓励数字则输出 PNG 格式图片由研发代码实现。

动效设计目标可以从前面动效设计价值中提取，所以接下来我们重点讲讲运动形式、运动参数和输出动效文件的要求。

连击爆赞的动效设计案例

1. 运动形式

根据 MD 规范，Android 中常见的运动形式有 4 类：

1）容器变换

当前后两个界面为父子关系时，可以通过父元素的容器（卡片、类表、FAB 按钮、搜索框）拓展变形成子元素的界面容器（全屏界面或非全屏界面皆可），为两个 UI 元素创建可见的视觉连接，如下图所示。

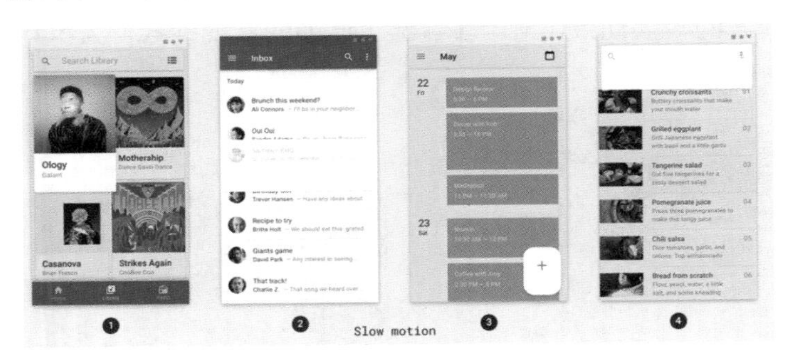

容器变换模式

2）共享轴

当元素在空间任意轴线（*X* 轴、*Y* 轴、*Z* 轴）上存在先后关系时可以采用共享轴的变换方式，可以表达元素 / 界面的并列关系或界面的父子关系，如下图所示。

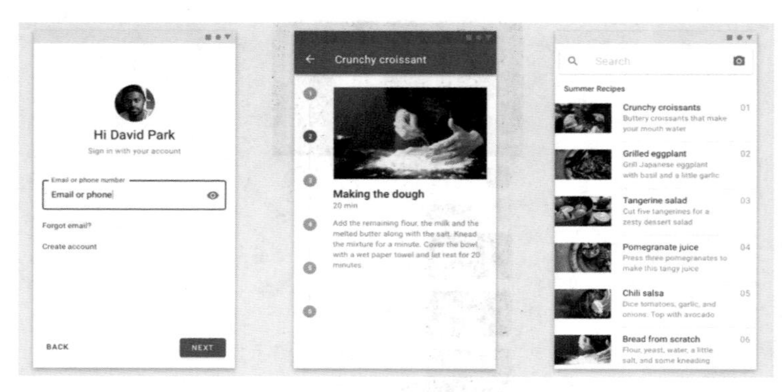

共享轴模式

3）渐隐渐现

渐隐渐现（Fade through）模式用于相互之间没有强关系的 UI 元素之间的过渡。比如点击刷新按钮、账户切换等。它和淡入淡出模式的差别在于，渐隐渐现运用在两个全屏界面之间，且前一个界面要淡出后，新界面才淡入显示，需尽量避免页面重叠。

4）淡入淡出

淡入淡出（Fade）模式用于在屏幕范围内进入或退出的 UI 元素（非全局界面，如浮层或 FAB 按钮）。

进入时，元素淡入，整体尺寸从 80%（不是 0%，避免动效过度吸引注意力）放大至 100%。退出时，元素只是淡出（强调进入元素，弱化退出元素）。

以上模式的转换动效，MD 都给出了详细的实现参数，大家可以参考规范提供参数给研发，如下图所示。

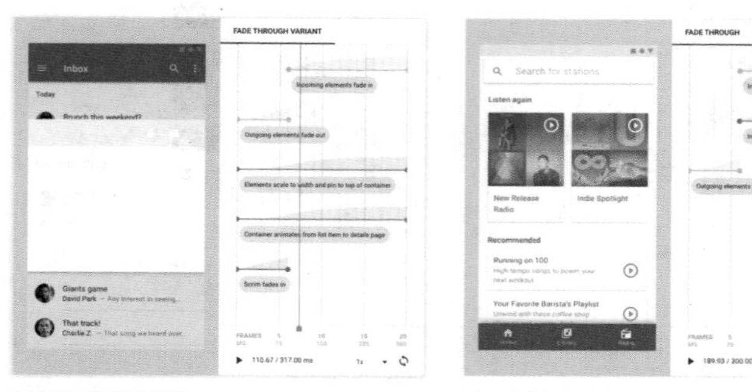

容器转换的参数案例　　淡入淡出的参数案例

转化动效参数示意

2. 运动参数

运动参数主要包括运动时长和速度曲线。

1）运动时长

关于运动时长，过快会让用户注意不到失去意义，过慢则会让用户产生等待感，所以时长把控非常重要。

通常情况下，进场动效比退场动效要略长一点，因为进场元素需要用户关注，而退场元素需要转移用户的关注。

标准控件 / 视图的动效时长跟它的大小密切相关。

单个小控件的动效建议控制在 100ms 左右，如按钮开关。

中等大小的浮层动效建议展开 250ms，折叠 200ms，如浮层的展开和收起。

完整手机界面动效建议展开 300ms，收起 250ms，如父子页面的转换。

如果大家为智能手表或平板电脑设计动效，因为尺寸不同，时间可以参考上述标准，相应地缩短或延长。

2）速度曲线

因为自然界中基本不存在匀速运动的物体，物体也不会立即启动或停止，所以在调整运动曲线时也要参考物理世界的运动规律，以便让动效更加符合用户的认知和习惯。

MD 提供了 4 种缓动速度曲线，分别是：标准缓动、强调缓动、减速缓动和加速缓动，大家可以参考使用，如下图所示。

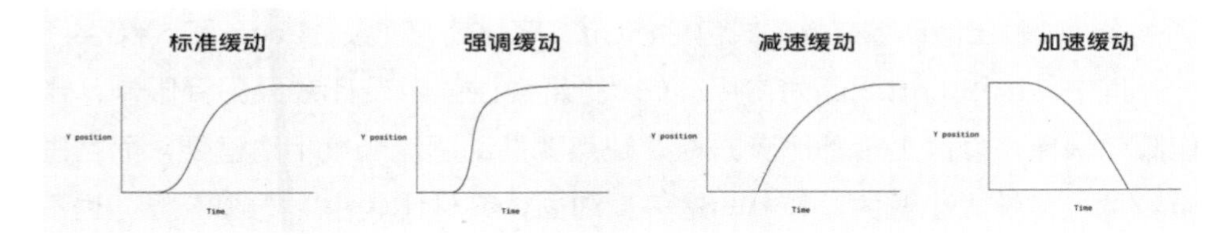

MD 的 4 种缓动速度曲线

标准缓动花费更多时间来减速，从而巧妙地将注意力集中到动画的结尾。标准缓动是最常见的缓动形式，它以静止的元素开始，快速加速并逐渐减速，最后以静止的元素结束。

强调缓动整体速度曲线与标准缓动相似，只是在动效结束期间使用更长的时间（与标准缓动相比），以传达更加风格化的速度感，引起用户额外的注意。

减速缓动元素开始以峰值速度快速进入屏幕开始，然后逐渐减速最后静止在屏幕上结束。

加速缓动元素以静止开始，然后加速最终以峰值速度离开屏幕而结束。

3. 输出动效文件

最后是各类动效文件的优劣势、输出工具和常见场景，如下图所示。

	Gif（常用）	序列帧	视频(MP4)	Lottie（推荐）	SVGA
优势	制作简单快捷 无功能上的限制 修改、上传方便 兼容性强	制作简单快捷 无功能上的限制 兼容性强 支持alpha通道	实现成本低 无功能上的限制 支持音频 兼容性强 文件量适中	矢量动画文件量相对小 动画流畅 开发省力 当前资源较为丰富 支持alpha通道	文件量相对较小 开发省力 对位图支持较好 支持alpha通道 可以插入简单变量
不足	动画流畅度不够高 文件量大 画质较差 仅支持8位256色 对alpha通道支持较差	图片较多，不能改序号 文件量很大	MP4编码本身不支持alpha通道 *需要借助开发代码实现透明区域	仅支持AE基础属性 需注意版本兼容 添加动画库增加代码量 不支持H5	不支持AE矢量图层 动画相对卡顿，会出现丢帧 添加动画库增加代码量
输出	Photoshop After Effects	After Effects等	After Effects等	After Effects + 脚本bodymovin	After Effects、Animate + 脚本SVGAConverter
常见场景	H5加载loading	下拉加载	启动页	图标点击动效	直播礼物动效

输出动效文件对比

设计师输出的动效文件格式包括：Gif、序列帧、视频、Lottie和SVGA。

其中Gif和Lottie最为常用。Gif的兼容性强，设计效果不受限制，制作简单快捷，修改上传都比较方便，缺点就是动画流畅度相对偏低，而且画质较差，文件大小偏大。Lottie是矢量动画，文件比较小，动画流畅，也不需要开发用代码来写效果，缺点是不支持H5，设计效果受软件限制，有时候版本不兼容，在App中还会出现效果与设计效果不一致的情况，调试起来比较耗时。

其他格式在App中用得相对较少，大家可以按需选用。

4.8　本章小结

（1）信息架构就是对信息进行合理的重构、重命名和导航设计，以便让用户更容易查找和管理信息。层级结构是最普遍的结构形态，构建时建议采用综合构建方式，借助思维导图，以范围层提供的信息节点为基础，通过竞品分析、本品数据表现、配合用户调研和逻辑推理，推导出合理的信息架构。

（2）导航本质是告诉用户“我”在哪里（起点），“我”能去到哪里（目标），“我”该怎么去（路径），在信息架构的基础上，结合平台特征，选择合适的导航形式，并根据用户需求和频度，适当添加快捷入口，优化导航路径，以便让用户更便捷地完成目标。

（3）交互流程设计，核心是对交互元素（跟谁交互）、操作（交互方式）、反馈（交互结果）的设计。借用流程符号，可以去除界面的干扰，直击流程的本质，让设计师优化现有流程，并思考创新的替代流程。

（4）界面框架设计，首先要平衡用户需求和业务需求，给出内容区各功能模块的优先级顺序，然后再参照竞品分析，对框架布局进行微调，最后再根据媒介属性确定界面内容区上下的框架，就得到了我们最终的界面框架布局。

（5）大家可以参考“交互自检表”完善交互细节，确保交互细节的合理性、完备性和清晰性，然后通过对交互文档形式的调整，提升交互文档的直观性（易读性）。

（6）UX 文案设计的本质是产品与用户之间的对话。我们需要考虑产品的定位（自己）、用户的画像（对方），以及当下的场景，才能输出合适的文案，构建一场愉快的对话。大家在 UX 文案设计时，需要遵循五大原则：用户导向、实用性、清晰性、简洁性和品牌一致性。

（7）动效设计，可以增强用户感知、认知，促进用户理解、行动。设计动效要聚焦、有用、有表现力。根据动效的目标，选择合适的动效形式，调整动效节奏，输出合适的动效格式，和研发一起协同还原出理想的动效效果。

参考文献

[1] 德升 . 交互设计发展简史 . [EB/OL]. https://www.woshipm.com/ucd/2271194.html.

[2] 辛向阳 . 交互设计：从物理逻辑到行为逻辑 . [EB/OL]. http://resource.hzlib.cn:8081/Qikan/Article/Detail?id=664758450.

[3] IXDC.2021 中国用户体验行业发展报告 . [EB/OL]. https://meia.me/course/170262.

[4] Google. Material Design. [EB/OL]. https://m2.material.io/design.

[5] 刘石 . 基于人因的用户体验设计课 . [EB/OL]. https://time.geekbang.org/column/article/345039.

[6] 贾尔斯・科尔伯恩 . 简约至上：交互式设计四策略 [M]. 李松峰，秦绪文，译 . 北京：人民邮电出版社，2011.

[7] Johnson J. 认知与设计：理解 UI 设计准则 [M]. 张一宁，王军锋，译 . 北京：人民邮电出版社，2014.

[8] 艾伦・库伯 . About Face 4: 交互设计精髓 [M]. 倪卫国，刘松涛，译 . 北京：电子工业出版社，2020.

[9] 海伦・夏普，詹妮・普瑞斯，伊温妮・罗杰斯 . 交互设计：超越人机交互 [M]. 刘伟，托娅，张霖峰等，译 . 北京：机械工业出版社，2020.

[10] 罗伯特・西奥迪尼 . 影响力 [M]. 闾佳，译 . 北京：北京联合出版社，2021.

[11] 谢春霖 . 认知红利 [M]. 北京：机械工业出版社，2019.

[12] B.J. 福格 . 福格行为模型 [M]. 徐毅，译 . 天津：天津科学技术出版社，2021.